边玩边学Scratch
趣味游戏设计之猫咪侠历险记

刘金鹏　裘炯涛　编著

U0353436

浙江摄影出版社

梦想、信心、孩子气

每一个孩子在他成长的过程中都会有一个梦想，当个大英雄，仗剑走天涯；抑或用自己的发明和创意来拯救整个世界。Scratch 的出现，赋予了孩子们一双可以"实现"梦想的翅膀，让他们在把一个个创意转化为代码的过程中分享快乐、收获自信。这种基于体验和动手而获取的自信将是他们成长道路上一笔珍贵的财富。

爱玩是孩子的天性。如何引导孩子在玩中学到知识，增长能力，塑造不畏艰难、勇于挑战自我的优良品性，真正实现从"玩"到"玩转"的飞跃，是我和团队一直关注和研究的课题。自 2013 年起，我和团队一直在信息技术社团活动中开展"从玩游戏到创造游戏"的信息技术教学实践活动。其间，先后推出的四本"边玩边学 Scratch"系列教材，得到了包括我国香港、台湾，马来西亚等地的众多教师、家长及学生的认可和喜爱。他们一致认为这是一套难得的 Scratch 入门教程。尤其让我们欣慰和感动的是，热心读者在论坛里的好评留言竟已有五百多条。正是这些可爱的读者朋友激励着我们把这件有意义的事情持续做下去，让更多的老师、家长和孩子从中受益，这也是我们团队一直以来孜孜以求的梦想。

本书采用 Scratch2.0 编写，是"边玩边学 Scratch"系列教材中的第五本。教材设计了一个个惊险、刺激、好玩的历险游戏，这些游戏共同讲述了猫咪侠为解救受困于东方明珠塔的"美食至尊"熊猫大侠，历经重重磨难，最终集齐九颗料理界圣物"七彩珠"，打败黑暗巫师的故事。我们期望孩子们在学习编写程序的过程中了解游戏创作基本的设计方法，培养规划和动手设计能力，并从游戏里蕴含着的人文知识中了解中国博大精深的传统文化。

本书从编写到设计都力争从孩子的角度出发，充分释放孩子喜欢冒险的天性，以孩子最喜欢的情境生活化方式去学习和创意，保护他们的好奇心和想象力，让孩子更像孩子。无论您是大人还是孩子，无论您是 8 岁还是 80 岁，请永远保持"孩子气"，带着一颗纯真的童心来阅读和使用这本教材。想象自己就是那个系着红色披风、带着黑色面具的猫咪侠，行走江湖，惩恶扬善。

"请不要告诉我，让我先试一试！"希望使用本书的老师和家长少一些示范，多一些肯定和鼓励，放手让孩子们去尝试、去发现、去经历并享受美妙的学习过程。感谢所有使用本书的孩子、老师和家长！

作者 2018 年 1 月于杭州

目录

给读者的话

1. Scratch 是什么？

    Scratch 是美国麻省理工学院媒体实验室终生幼儿园团队专门为中小学生开发的图形化编程软件。

2. 为什么要学习 Scratch？

    因为它简单、有趣、好玩，能让孩子充分发挥创意，实现自己的想法，从而培养创造性思维，为以后学习其他程序设计语言打下基础。

3. 哪些人适合学习 Scratch？

    8 岁以上的小朋友，甚至大学生都可以学习。

4. Scratch 容易上手吗？

    简单易懂的界面，图形化、积木化的程序，简单易学，非常适合大、小朋友们自学。

5. 本书的特点是什么？

    本书为从小有制作游戏梦想的小朋友提供施展才华的动手实践机会。致力孩子们从"我喜欢玩游戏"到"我喜欢创作游戏"的转变，在玩中掌握知识、收获自信、提升能力。

6. 本书提供了哪些资源？

    Scratch 学习交流 QQ 群（221880606）中提供了本书的范例、素材；同时作者博客中提供了大量课例、视频等资源。

7. 本书使用的 Scratch 版本是什么？

    盛思 Scratch Plus2.0，可在 QQ 群（221880606）中下载。

8. 我还想知道更多……

    加入 QQ 群（221880606），获得更多的 Scratch 实用学习内容。

故事说明

01 公元 2050 年，猫咪侠和师父熊猫大侠在"猫爪"王国无忧无虑地嬉闹玩耍，学习烹饪和武功。曾经被熊猫大侠打败的黑暗料理界不甘沉寂，妄想再次独霸江湖。于是，他们使用诡计抓走了熊猫大侠，猫咪侠不畏困难决心解救师父。小伙伴们，准备好了吗？让我们和猫咪侠做伴，一起开启冒险之旅吧！

02 猫咪侠在好朋友 GOBO 的指点下，来到了第一站——美丽的杭州。什么情况？西湖边聚集了好多人。原来西湖边正在举行抢食材比赛。猫咪侠只有在规定的时间内，避开灰蝙蝠，抢到足够多的食材，才能拿到第一颗七彩珠。

03 猫咪侠第二站南下到了福州。百年名小吃食谱遭黑暗料理界损毁，需要重新拼接。猫咪侠不仅要答对相应的题目，还要避开灰蝙蝠，才能顺利过关拿到完整的食谱。

04 猫咪侠第三站来到了足球名城——广州。当地的一位名厨是资深球迷，他要求先和猫咪侠一决高下，比试任意球功夫。猫咪侠只有赢了他，才能拿到七彩珠。这位名厨可是球艺高超，你们准备好了吗？

05 猫咪侠第四站来到了师父的故乡——四川大熊猫基地。这里的食材基地遭到灰蝙蝠的突然袭击，猫咪侠要保卫食材的安全，发誓与灰蝙蝠战斗到底。

06 猫咪侠第五站来到了古城西安。此时，得知消息的黑巫师已经提前占据了秦王宫的地下迷宫通道。猫咪侠化身为考古人员潜入蜿蜒曲折的迷宫里，一不小心就会触发黑暗料理界布下的机关，所以一定要小心哦！

07 猫咪侠第六站从兰州出发，沿包兰铁路到达银川，途径兰州黄河大桥、中卫沙坡头、银川西夏王陵等。猫咪侠载着一车的水果，要躲避随机出现的路障和灰蝙蝠的攻击，顺利到达目的地就可获得一颗七彩珠。

08 为躲避黑巫师派出的灰蝙蝠、火烈鸟等杀手的前后阻击，猫咪侠误入了时空暗道。于是他化身为魔法师，骑着哈利波特早先留给他的飞天扫帚，飞越诸多著名景点，顺利到达暗道出口，拿到七彩珠。

09 猫咪侠终于抵达上海。在上海东方明珠塔前，他要面对这一路上最难对付的狠角色——黑巫师。黑巫师法力无边，猫咪侠需施展出平生所学的全部功夫，才能与其一决高下。战斗吧，猫咪侠！

10 打败黑暗料理界后，猫咪侠成功解救出了师父熊猫大侠。天下美食终于再次回归人间。瞧，银河 X 星空派来的 UFO 已经来接他们了。猫咪侠和师父熊猫大侠将一起携手开启一段全新的冒险旅程……

熊猫大侠在国际料理大会上被封为美食至尊，但遭到黑巫师的嫉妒。

我要将熊猫大侠囚禁起来！

让他的美食从世界上消失，让我们的黑暗料理统治世界吧！

熊猫大侠被黑巫师施了魔法，困在上海东方明珠塔的最高层。

我已经在这里修炼了这么多年，如今师父被黑巫师困住，我一定要救出师父！

那如今，这些七彩珠都在哪里呢？

你师父是被九龙锁困住了，想要救出你师父，必须集齐九颗七彩珠。这七彩珠是料理界的圣物，内藏神秘料理食谱。只有将它们放回到东方明珠最高层塔，才能解除机关。

七彩珠散落在全国各地。你要战胜各种困难，才能收集到它们。

这是七彩珠的分布图。我只能帮你到这里了，接下来，就要看你的造化了。

为了救出师父，我已经准备好了。

LESSON 1 开始冒险之旅

一、创设情境

此次收集七彩珠，一路上要经过好多城市，我得先好好规划一下。

猫咪侠打开手机上的百度地图进行路线规划。

这一路上定会遇到各种困难和考验哦，你可要多加小心呀！

告别了好朋友GOBO，猫咪侠独自一人踏上了冒险之旅。

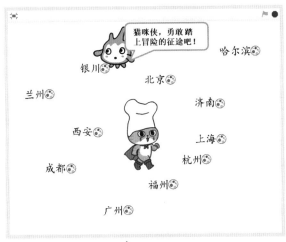

二、开动脑筋

猫咪侠在出发之前要先规划行程路线，在 Scratch2.0 中用七彩珠标注将要去冒险的 11 个城市，然后用 10 组彩色线条绘出本次历险的路线图。

三、角色登场

1. "小厨师版"猫咪侠

在角色编辑器矢量图模式下利用绘图工具绘制"小厨师版"猫咪侠的卡通形象。

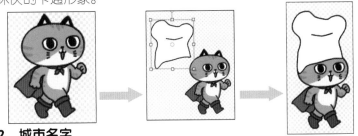

2. 城市名字

将代表各个城市的七彩珠放到每个城市所在的位置。

四、亲身体验

1. 认识 Scratch2.0 的界面

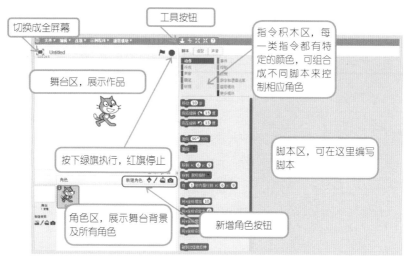

切换成全屏幕

工具按钮

指令积木区，每一类指令都有特定的颜色，可组合成不同脚本来控制相应角色

舞台区，展示作品

按下绿旗执行，红旗停止

脚本区，可在这里编写脚本

角色区，展示舞台背景及所有角色

新增角色按钮

说明：

工具按钮包括 复制、 删除、 角色放大、 角色缩小，以及 指令说明按钮。

新增角色按钮包括 从角色库中选取角色、 绘制新角色、 从本地文件中上传角色、 拍摄照片当作角色。

脚本区也可切换为造型区（绘制、导入和编辑角色造型）和声音区（录制、导入和编辑声音供角色使用）。

2. 修改角色信息

角色如同舞台上的演员，每一个演员都有自己的名字和其他信息。那么，如何修改角色信息呢？

在角色的左上方有一个蓝色 按钮，点击后可以打开角色信息区，包括角色名称、坐标和方向等。

返回

Cat1   ← 修改角色名称

x: 6   y: 9   方向: 90°

旋转模式: ↻ ↔ ●

可以在播放器中拖动: ▣

显示: ☑

改变角色方向

旋转模式: 1. 360度旋转 2. 左右反转 3. 不旋转

3. 坐标定位

    每个角色在舞台上的位置是由坐标来确定的，就像我们在教室里的座位是用第几排第几列来定位一样。那么，在Scratch2.0中，坐标是如何规定的呢？我们先来打开一张系统自带的坐标背景图片。

    点击"舞台"图标，选择"从背景库中选择背景"，在分类"其他"中找到"xy-grid"背景并导入舞台中。

注意 在这里，角色的图片叫造型，而舞台的图片叫背景。

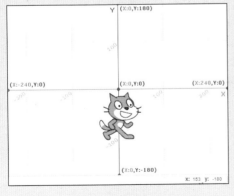

在 Scratch 中，所有角色都是根据坐标（X，Y）来定位的。

X轴表示横向，范围为 –240（最左边）至 +240（最右边），就像教室里的排。

Y 轴表示纵向，范围为 −180（最低点）至 +180（最高点），就像教室里的列。

坐标（0，0）是舞台的最中央。

试着在舞台上移动鼠标，观察右下角 x、y 坐标值会有什么变化。

选择"猫咪侠"角色，从"动作"指令类中拖出 移到 x: 0 y: 0 到脚本区，双击看看有什么变化。再修改坐标参数为 移到 x: 80 y: 72 ，再次双击脚本，观察有什么变化。

4. 添加城市标记

点击 ，从角色库的"物品"类中选取"Beachball"导入舞台，并复制 10 个相同的造型，然后重命名为需要途经的城市名称。

5. 在 Scratch 中显示中文

由于在 Scratch 中无法直接输入中文，若想在每个七彩珠的边上加上城市名称，我们可以借助 PPT 等软件来制作文字图片。

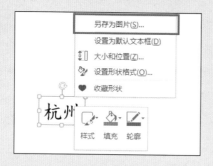

在 PPT 中，先插入文本框，并在文本框中输入城市名称，比如：杭州。然后选中该文本框，右击选择"另存为图片"（如左图所示），将文件保存在电脑桌面上。

再打开 Scratch，找到名为"杭州"的七彩珠，切换到造型视图，点击"导入"按钮，导入事先制作好的"杭州"图片。最后，适当调整文字的大小和位置。

根据实际地理位置将"七彩珠"放到与之名称相对应的位置，如下图所示。

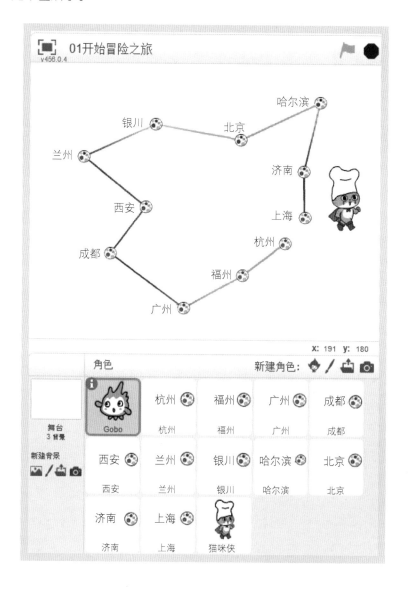

 **6. GOBO – 脚本**

角色造型	脚本模块	指令描述
	当 ▇ 被点击 移到 x: 15 y: 120 将角色的大小设定为 80 等待 0.5 秒 说 猫咪侠，勇敢去踏上冒险的征途吧！ 3 秒 重复执行 10 次 　等待 0.2 秒 　将 亮度 特效增加 10	程序开始后，将角色移到指定的位置，并将大小设置为默认大小的80%。等待 0.5 秒后对猫咪侠说话，最后通过逐渐增加亮度特效的方式让角色渐渐消失。
	当 ▇ 被点击 等待 0.5 秒 重复执行 10 次 　下一个造型 　等待 0.2 秒 当 ▇ 被点击 等待 5 秒 播放声音 xylo2 直到播放完毕	程序开始后，等待 0.5 秒，然后重复执行指令 10 次，每隔 0.2 秒切换一个造型，让 GOBO 模拟说话时的状态。 程序开始后，等待 5 秒，播放系统音乐"xylo2"，直到播放完毕。

7. 猫咪侠 – 脚本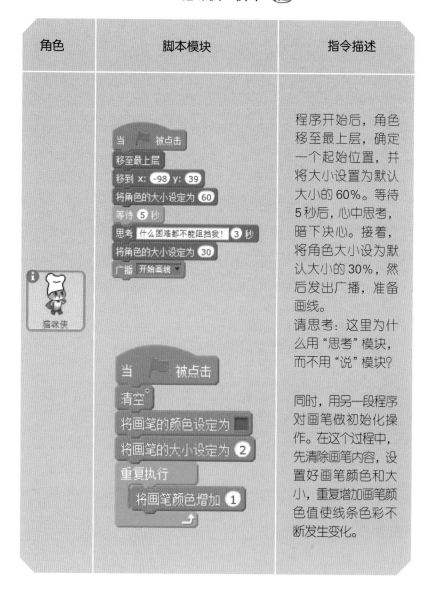

角色	脚本模块	指令描述

程序开始后，角色移至最上层，确定一个起始位置，并将大小设置为默认大小的60%。等待5秒后，心中思考，暗下决心。接着，将角色大小设为默认大小的30%，然后发出广播，准备画线。

请思考：这里为什么用"思考"模块，而不用"说"模块？

同时，用另一段程序对画笔做初始化操作。在这个过程中，先清除画笔内容，设置好画笔颜色和大小，重复增加画笔颜色值使线条色彩不断发生变化。

13

角色	脚本模块	指令描述
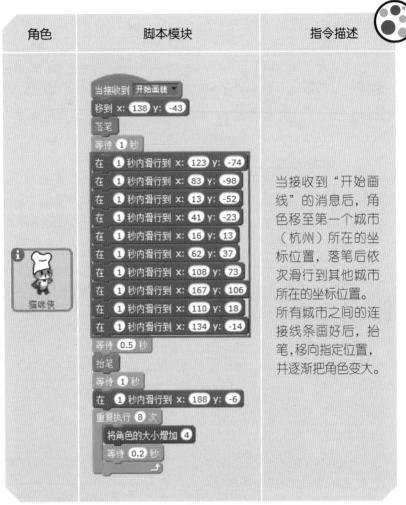 猫咪侠	当接收到 开始画线 ▼ 移到 x: 138 y: -43 落笔 等待 1 秒 在 1 秒内滑行到 x: 123 y: -74 在 1 秒内滑行到 x: 83 y: -98 在 1 秒内滑行到 x: 13 y: -52 在 1 秒内滑行到 x: 41 y: -23 在 1 秒内滑行到 x: 16 y: 13 在 1 秒内滑行到 x: 62 y: 37 在 1 秒内滑行到 x: 108 y: 73 在 1 秒内滑行到 x: 167 y: 106 在 1 秒内滑行到 x: 110 y: 18 在 1 秒内滑行到 x: 134 y: -14 等待 0.5 秒 抬笔 等待 1 秒 在 1 秒内滑行到 x: 188 y: -6 重复执行 8 次 　将角色的大小增加 4 　等待 0.2 秒	当接收到"开始画线"的消息后，角色移至第一个城市（杭州）所在的坐标位置，落笔后依次滑行到其他城市所在的坐标位置。所有城市之间的连接线条画好后，抬笔，移向指定位置，并逐渐把角色变大。

上述指令模块中，每个角色都可以同时执行多段程序，只要把 当 被点击 放在每段指令的最前面即可。

试一试：用右边的脚本替换上述"猫咪侠"脚本中红色框里的指令。这样操作可以吗？为什么？

8. 保存作品

作品完成后记得保存，以便修改或者和其他同学分享。选择"文件"菜单下的"保存项目"，找到需要保存的路径，填写完整的文件名，点"保存"即可（如下图所示）。注意扩展名用".sb2"，这是 Scratch2.0 的专用扩展名哦！

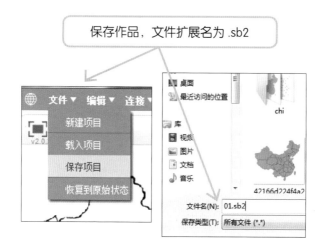

保存作品，文件扩展名为 .sb2

五、教你一招

1. 角色信息等功能可通过鼠标右键打开（如图所示）。

2. 通过动作类中的"移到"指令，可以快速确定当前对象所在的坐标位置。

3. 指令区域若不够用，可点击灰色小箭头将舞台缩小（如下图）。

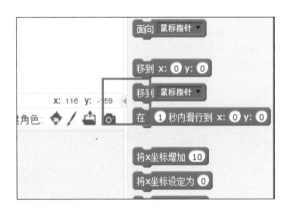

4. 如果你觉得程序区的文字太小，可以使用右下角的缩放工具 Q = Q 。

1. 试着利用本节课学习的知识，让猫咪侠走过的路线为曲线。

2. 试一试，用声音或键盘上的空格键来启动本课作品的运行。参考指令如右图所示。

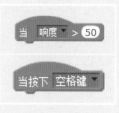

七、温故知新

顺序结构 表示程序中的各项操作是按照它们出现的先后顺序执行的。这种结构的特点是：程序从入口点 a 开始，按顺序执行所有操作，直到出口点 b。本节课中绘制猫咪侠行走路线图的一段程序，就属于典型的顺序结构，这是游戏设计中最常见的一种程序结构。

在 1 秒内滑行到 x: 123 y: -74
在 1 秒内滑行到 x: 83 y: -98
在 1 秒内滑行到 x: 13 y: -52
在 1 秒内滑行到 x: 41 y: -23
在 1 秒内滑行到 x: 16 y: 13
在 1 秒内滑行到 x: 62 y: 37
在 1 秒内滑行到 x: 108 y: 73
在 1 秒内滑行到 x: 167 y: 106
在 1 秒内滑行到 x: 110 y: 18
在 1 秒内滑行到 x: 134 y: -14

开始

语句a

语句b

结束

LESSON 2　抢夺食材大战

一、创设情境

猫咪侠来到了第一站——美丽的杭州。此时，在西湖风波亭边正举行一年一届的抢食材大赛。

这抢食材比赛真有意思，我也要参加！

你要在规定的时间内抢到足够多的食材，才能拿到一颗七彩珠。在比赛中你还得想方设法躲避灰蝙蝠的攻击。

为了不暴露身份，猫咪侠决定化装成侠客佐罗来参加这场抢食材比赛。

在抢食材大战中，猫咪侠要在规定的时间内抢到制作东坡肉的各种食材。你可以用键盘上的"上""下""左""右"方向键来让猫咪侠灵活自如地移动。

对了，制作东坡肉的食材有五花肉、葱、白糖、酱油、姜、料酒等，比赛时还要注意避开灰蝙蝠的攻击哦！

三、角色登场

猫咪侠　　　　文字　　　　灰蝙蝠

七彩珠　　　　食材

1. 认识"造型"加工厂

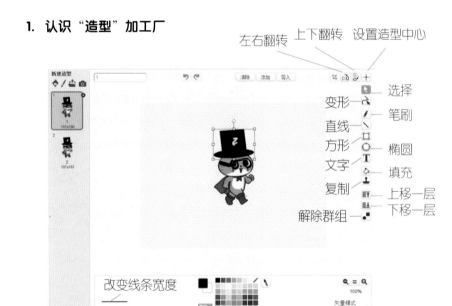

左右翻转　上下翻转　设置造型中心

变形——　　　选择
直线——　　　笔刷
方形　　　　　椭圆
文字　　　　　填充
复制　　　　　上移一层
解除群组——　下移一层

改变线条宽度

2. "佐罗版"猫咪侠组装过程

角色造型组装建议：用 □、○ 工具画出帽子、眼镜等形状，用 ✏ 工具写 "z" 标志，用 ⬥ 工具填充颜色，最后用 ⬢ 进行组合。

"佐罗版"猫咪侠绘制完成后复制一个新的猫咪侠，然后调整嘴巴的造型，并增加两行眼泪作为失败后的造型，如下图所示。

四、亲身体验

1. 设置变量

分数：用来记录猫咪侠抢到的食材数量。

生命：该变量的初始值为4，如果猫咪侠被灰蝙蝠碰到就会减1。当生命为 0 时，就挑战失败。

2. 猫咪侠 – 脚本

猫咪侠共有 2 个造型，分别如下所示：

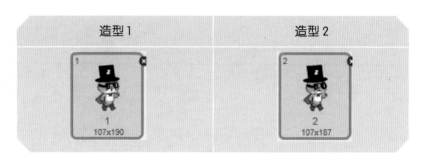

造型1	造型2
1 107x190	2 107x187

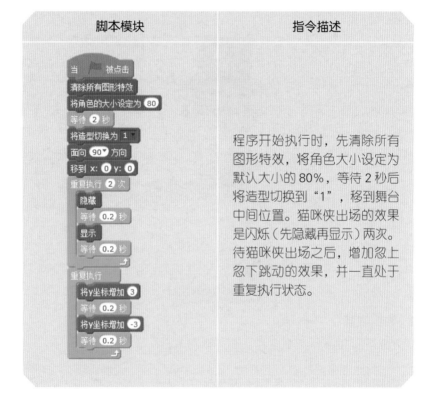

脚本模块	指令描述
	程序开始执行时，先清除所有图形特效，将角色大小设定为默认大小的 80%，等待 2 秒后将造型切换到 "1"，移到舞台中间位置。猫咪侠出场的效果是闪烁（先隐藏再显示）两次。待猫咪侠出场之后，增加忽上忽下跳动的效果，并一直处于重复执行状态。

脚本模块	指令描述
当按下 上移键 面向 90 方向 将y坐标增加 10 当按下 下移键 面向 90 方向 将y坐标增加 -10 当按下 左移键 面向 -90 方向 将x坐标增加 -10 当按下 右移键 面向 90 方向 将x坐标增加 10	使用键盘上的上、下、左、右键来控制猫咪侠移动。 这些指令是游戏设计中常用的键盘控制角色方法，如果改成用鼠标来控制角色移动，又该如何修改程序呢？请你试一试。
当接收到 成功 清除所有图形特效 移至最上层 当接收到 失败 清除所有图形特效 移至最上层 移到 x: 0 y: 0 将造型切换为 2 设定乐器为 9 弹奏音符 63 0.5 拍 弹奏音符 62 0.5 拍 弹奏音符 61 0.5 拍 弹奏音符 60 2 拍	当接收到广播"成功"时，清除所有图形特效（即让猫咪侠恢复原来的亮度），移至最上层。 当接收到广播"失败"时，清除所有图形特效，角色移至最上层且舞台中央，切换造型为"2"（即失败时的造型）并弹奏一段音符。

3. 灰蝙蝠 – 脚本

在游戏中，灰蝙蝠的主要任务是阻止猫咪侠抢夺食材，如果猫咪侠不小心被灰蝙蝠碰到，就会减少 1 次生命值。

该角色共有 2 个造型，如下所示：

造型1	造型2
1 150x44	2 111x86

脚本模块	指令描述
当 ▢ 被点击 隐藏 克隆 自己▾	当程序开始执行时,角色隐藏。为了提高游戏的难度,我们将使用"克隆"指令复制出一只一模一样的灰蝙蝠来攻击猫咪侠。
当接收到 开始▾ 重复执行 　等待 在 0 到 1.5 间随机选一个数 秒 　移到 x: 在 -210 到 210 间随机选一个数 y: 260 　移至最上层 　下移 1 层 　显示 　重复执行 8 次 　　将y坐标增加 -40 　　等待 0.3 秒 　　如果 碰到 猫咪侠▾ ? 或 碰到 垃圾▾ ? 那么 　　　隐藏 　下一个造型 　将角色的大小设定为 在 30 到 60 间随机选一个数	当接收到"开始"的消息后,灰蝙蝠随机出现在某些位置,同时不断往下掉落,如果碰到了猫咪侠或者界面边缘,就隐藏。在下落的过程中,灰蝙蝠还能忽大忽小地变化,显得更加神秘莫测。

脚本模块	指令描述
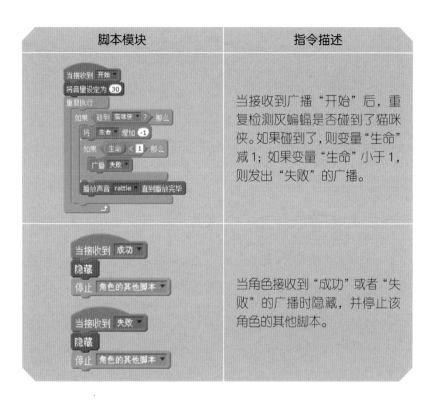	当接收到广播"开始"后，重复检测灰蝙蝠是否碰到了猫咪侠。如果碰到了，则变量"生命"减1；如果变量"生命"小于1，则发出"失败"的广播。
	当角色接收到"成功"或者"失败"的广播时隐藏，并停止该角色的其他脚本。

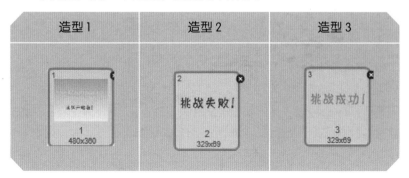

4. 文字 – 脚本

该角色共有 3 个造型，分别如下所示：

造型 1	造型 2	造型 3
1 480x360	挑战失败！ 2 329x69	挑战成功！ 3 329x69

脚本模块	指令描述
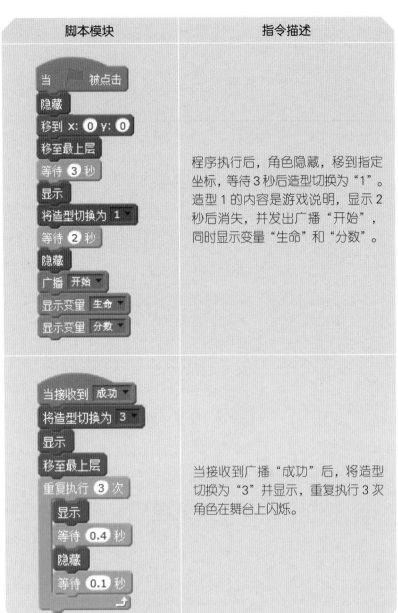	程序执行后，角色隐藏，移到指定坐标，等待3秒后造型切换为"1"。造型1的内容是游戏说明，显示2秒后消失，并发出广播"开始"，同时显示变量"生命"和"分数"。
	当接收到广播"成功"后，将造型切换为"3"并显示，重复执行3次角色在舞台上闪烁。

脚本模块	指令描述
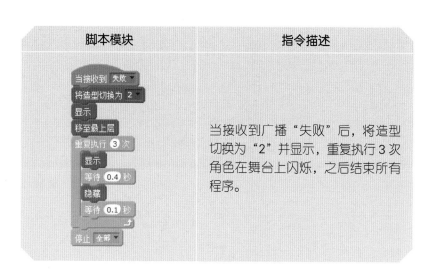	当接收到广播"失败"后，将造型切换为"2"并显示，重复执行 3 次角色在舞台上闪烁，之后结束所有程序。

5. 食材 – 脚本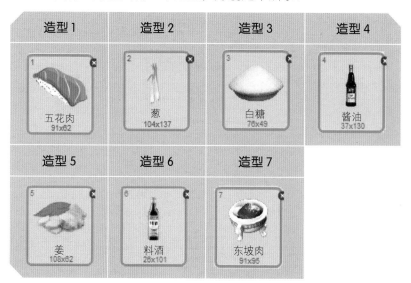

"食材"角色共有 7 个造型，分别如下所示：

造型 1	造型 2	造型 3	造型 4
五花肉 91x62	葱 104x137	白糖 76x49	酱油 37x130
造型 5	造型 6	造型 7	
姜 108x62	料酒 26x101	东坡肉 91x95	

脚
本
模
块

当接收到 开始▾
　将 生命▾ 设定为 4
　重复执行
　　移到 x: 在 180 到 -180 间随机选一个数 y: 150
　　将造型切换为 在 1 到 6 间随机选一个数
　　等待 0.1 秒
　　显示
　　重复执行直到 碰到 猫咪侠▾ ? 或 y座标 < -150
　　　将y坐标增加 -5
　　如果 碰到 猫咪侠▾ ? 那么
　　　将 分数▾ 增加 1
　　　如果 分数 > 8 那么
　　　　广播 成功▾
　　　　将音量设定为 30
　　　　播放声音 pop▾
　　　　移到 x: 0 y: 0
　　　　将造型切换为 东坡肉▾
　　　　等待 0.1 秒
　　　　停止 当前脚本▾
　　等待 0.1 秒

当 ▢ 被点击
　将 分数▾ 设定为 0
　隐藏

指
令
描
述

当程序执行时,将变量"分数"的初始值设置为0并隐藏角色。当接收到广播"开始"时,将变量"生命"的初始值设置为4。通过重复执行指令将角色移到随机位置,并随机显示"食材"造型1~6中的一个。通过不断减少y坐标值让角色"食材"下落,如果碰到角色"猫咪侠",则将变量"分数"值加1。当"分数"大于8时广播"成功",并播放声音"pop",角色移至指定位置,并切换造型为"东坡肉",等待0.1秒后停止当前脚本。

注意:这里的脚本并没有对抢到的食材进行区分,有可能抢到的9个食材是1~5种食材。试一试,如果要保证6种食材都抢到了,该段程序该如何改写?

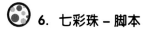

6. 七彩珠 – 脚本

该角色共有 4 个造型，用来模拟光芒四射的七彩珠，分别如下所示：

造型 1	造型 2	造型 3	造型 4
1 69x66	2 164x151	3 198x178	4 231x215

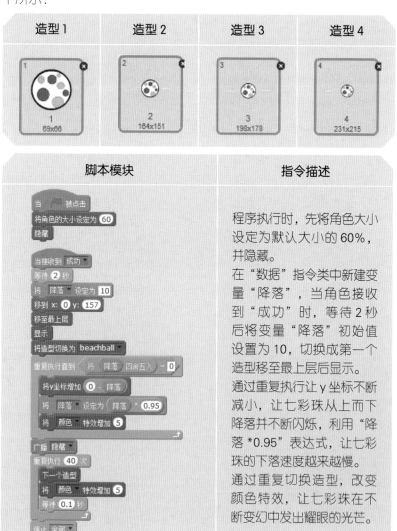

脚本模块	指令描述
当 ▢ 被点击 将角色的大小设定为 60 隐藏 当接收到 成功 ▾ 等待 2 秒 将 降落 ▾ 设定为 10 移到 x: 0 y: 157 移至最上层 显示 将造型切换为 beachball 重复执行直到 将 降落 四舍五入 = 0 　将y坐标增加 0 - 降落 　将 降落 ▾ 设定为 降落 * 0.95 　将 颜色 ▾ 特效增加 5 广播 隐藏 ▾ 重复执行 40 次 　下一个造型 　将 颜色 ▾ 特效增加 5 　等待 0.1 秒 停止 全部 ▾	程序执行时，先将角色大小设定为默认大小的 60%，并隐藏。 在"数据"指令类中新建变量"降落"，当角色接收到"成功"时，等待 2 秒后将变量"降落"初始值设置为 10，切换成第一个造型移至最上层后显示。 通过重复执行让 y 坐标不断减小，让七彩珠从上而下降落并不断闪烁，利用"降落 *0.95"表达式，让七彩珠的下落速度越来越慢。 通过重复切换造型，改变颜色特效，让七彩珠在不断变幻中发出耀眼的光芒。

7. 舞台背景 – 脚本

"舞台背景"共有3个造型，其中，造型1和造型3由外部图片导入，造型2来自系统"背景库"。

脚本模块	指令描述
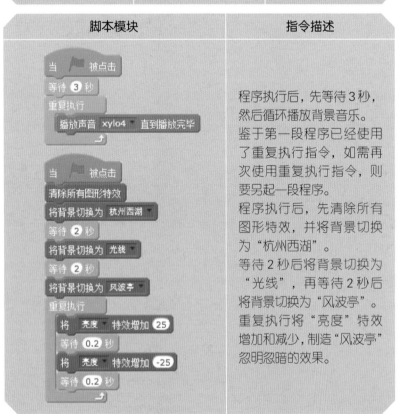	程序执行后，先等待3秒，然后循环播放背景音乐。鉴于第一段程序已经使用了重复执行指令，如需再次使用重复执行指令，则要另起一段程序。程序执行后，先清除所有图形特效，并将背景切换为"杭州西湖"。等待2秒后将背景切换为"光线"，再等待2秒后将背景切换为"风波亭"。重复执行将"亮度"特效增加和减少，制造"风波亭"忽明忽暗的效果。

脚本模块	指令描述
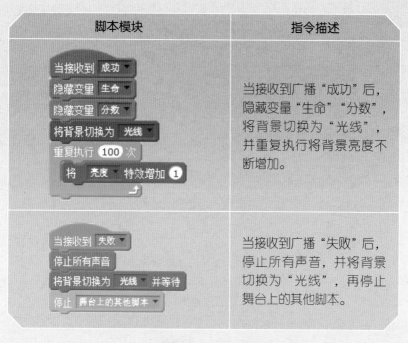	当接收到广播"成功"后，隐藏变量"生命""分数"，将背景切换为"光线"，并重复执行将背景亮度不断增加。
	当接收到广播"失败"后，停止所有声音，并将背景切换为"光线"，再停止舞台上的其他脚本。

五、教你一招

若需要将游戏中隐藏了的对象显示出来，则右击角色选择"显示"，如图所示。

LESSON 2

六、日积月累

矢量图：根据几何特性来绘制图形，存储容量小，放大后不会失真，利用电脑中专业绘图软件（如：CorelDRAW，Adobe Illustrator 等）可以绘制出矢量图。

位图：由很多色块（像素）组成，图像放大后画面会变得模糊。数码相机拍摄出来的就是位图。

七、挑战自我

1. 试着用 CK 测控板上的五向键来控制猫咪侠的移动。

2. 查询在杭州风波亭发生过的历史故事，用 Scratch 编写该故事。

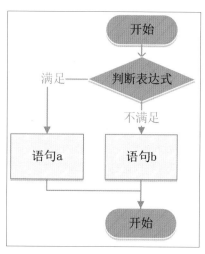

八、温故知新

顺序结构的程序虽然能解决计算、输出等问题，但不能做判断和再选择。对于要先做判断再选择的问题，就要使用分支结构。Scratch 游戏设计中常用分支结构来进行条件判断，如下所示，其中右图的"猜数字"游戏就是典型的分支结构。

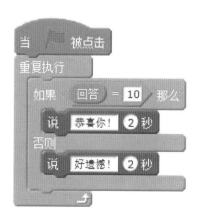

LESSON 3　最强大脑比拼

一、创设情境

福州百年名小·吃食谱被黑暗料理界的灰蝙蝠损毁。

猫咪侠，你需要答对本关中的问题，才能重新拼接被损毁的食谱，顺利拿到七彩珠。

灰蝙蝠，赶紧出题来考验我吧！

什么，要考试啊！

尽管放马过来吧！

学霸喵

二、开动脑筋

　　在这关中，猫咪侠将要接受灰蝙蝠的挑战，回答由灰蝙蝠提出的关于饮食的问题。

　　猫咪侠只有两次答错的机会。所有的题目都和饮食有关，你需要具备一定饮食方面的常识才能顺利过关。如果不知道，你可以借助网络查询或者咨询身边的家长、老师和同学。不会就问，这可没什么不好意思的。

三、角色登场

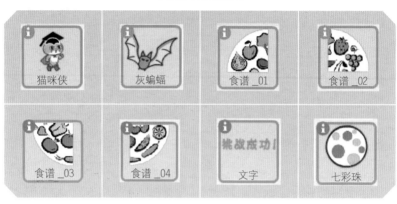

猫咪侠　　灰蝙蝠　　食谱_01　　食谱_02

食谱_03　　食谱_04　　文字　　七彩珠

四、亲身体验

1. 新建变量

　　机会：用来记录猫咪侠尝试的次数。

　　得分：用来记录猫咪侠答对题目的个数。

2. 灰蝙蝠 – 脚本

　　猫咪侠要想拿到食谱，必须先闯过食谱守卫者灰蝙蝠这一关。

"灰蝙蝠"角色共有 2 个造型，如下所示：

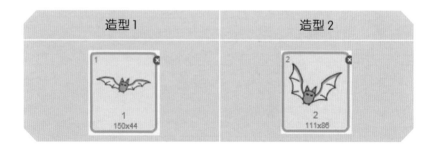

造型1	造型2
1 150x44	2 111x86

当 ▶ 被点击
移到 x: 6 y: 104
重复执行
　将y坐标增加 10
　等待 0.3 秒
　将y坐标增加 -10
　等待 0.3 秒
　下一个造型

程序开始时，将角色移至指定坐标位置，通过不断增减其 y 坐标值，并切换到下一个造型，模拟灰蝙蝠上蹿下跳的效果。

当 ▶ 被点击
显示
等待 1 秒
询问 你叫什么名字? 并等待
说 连接 回答 ，想要取回食谱 2 秒
说 先回答我的问题吧！ 2 秒
重复执行
　询问 福建的省会城市是? (A.福州　B.厦门) 并等待
　如果 回答 = A 或 回答 = a 那么
　　说 你的知识还挺丰富的嘛! 1 秒
　　广播 问题2 ▼
　　停止 当前脚本 ▼
　否则
　　说 再仔细想想吧! 1 秒

执行程序，等待 1 秒后，通过"询问"和"回答"指令来实现一问一答的效果。当得知玩家的姓名后，在下一句要说的话前加上玩家的名字。

在重复执行指令中，如果第一个问题回答正确，则表扬猫咪侠，同时广播"问题 2"，否则重来。

在判断回答正确与否时，先判断回答是否为 A 或 a，只要玩家输入 A（a），不管大小写，都可以通过。这是为了避免玩家忘记切换大小写。

脚本模块	指令描述
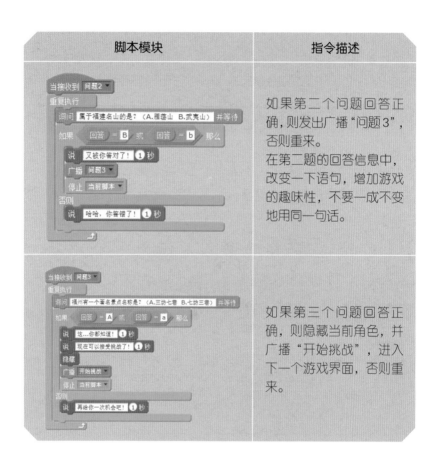	如果第二个问题回答正确，则发出广播"问题3"，否则重来。 在第二题的回答信息中，改变一下语句，增加游戏的趣味性，不要一成不变地用同一句话。
	如果第三个问题回答正确，则隐藏当前角色，并广播"开始挑战"，进入下一个游戏界面，否则重来。

3. 食谱 – 脚本

　　游戏中，食谱被损坏成四块，每一块都暗含着一道题目。当四道题目全部答对时，才能拼合成完整的食谱，完成本次任务。

注意 在食谱的造型里，将四分之一圆的直角处设为中心，这样做的好处是比较容易确定这四个扇形的位置。

通常，我们在设置造型的中心时会选择其几何中心，比如整圆的中心一般选择圆心。但是在设置有些造型的中心时，采取其他点可能会更方便。不管怎么样，你一定要知道自己设置的中心在哪里，如果随意设置，一定会给你带来麻烦。

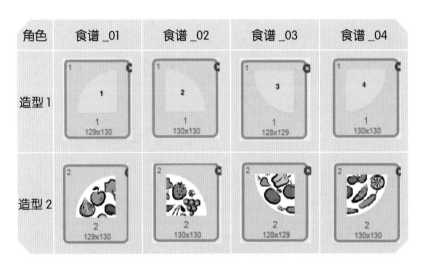

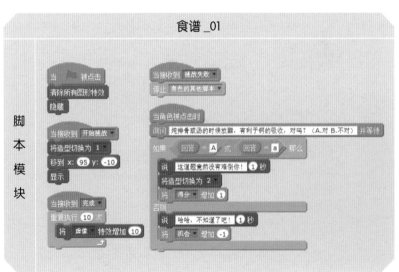

指令描述

程序开始执行后，先清除所有图形特效，并隐藏该角色。

当接收到广播"开始挑战"时，将造型切换成"1"，即黄色一面，并移到指定位置后显示。

当接收到广播"完成"时，通过增加虚像特效让角色逐渐透明，最终变为不可见。

当接收到广播"挑战失败"时，停止角色的其他脚本。

当角色被鼠标点击时，通过"询问"和"回答"指令来实现问答效果。如果回答正确，给出提示信息，并切换造型为"2"，同时变量"得分"加1；如果回答错误，同样给出提示信息，将变量"机会"减1。

脚本模块

食谱_02

当 ▣ 被点击
清除所有图形特效
隐藏

当接收到 开始挑战 ▾
将造型切换为 1 ▾
移到 x: 95 y: -10
显示

当接收到 完成 ▾
重复执行 10 次
　将 虚像 ▾ 特效增加 10

当角色被点击时
询问 煮米饭的时候最好用冷水，对吗？（A.对 B.不对） 并等待
如果 回答 = B 或 回答 = b 那么
　说 你的课外知识这么丰富！ 1 秒
　将造型切换为 2 ▾
　将 得分 ▾ 增加 1
否则
　说 哈哈，这回是瞎蒙的吧！ 1 秒
　将 机会 ▾ 增加 -1

当接收到 挑战失败 ▾
停止 角色的其他脚本 ▾

程序与"食谱_01"的几乎一样，不同之处在于问题和答案。
注意：回答正确时和错误时给出的提示也是要更换的。

食谱_03

脚
本
模
块

当 ▶ 被点击
清除所有图形特效
隐藏

当接收到 开始挑战
将造型切换为 1
移到 x: 95 y: -10
显示

当接收到 完成
重复执行 10 次
    将 虚像 特效增加 10

当接收到 挑战失败
停止 角色的其他脚本

当角色被点击时
询问 可以空腹吃西红柿，对吗？（A.对 B.不对） 并等待
如果 回答 = B 或 回答 = b 那么
    说 你的课外知识好丰富！ 1 秒
    将造型切换为 2
    将 得分 增加 1
否则
    说 再给你一次机会吧！ 1 秒
    将 机会 增加 -1

指令
描述

程序与"食谱_01""食谱_02"的类似，通过复制程序就
可以了。

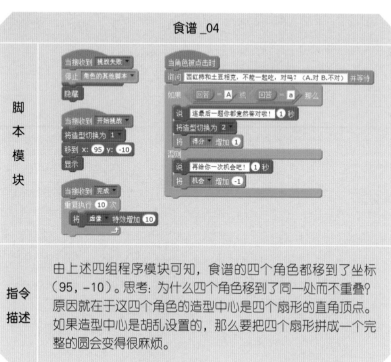

	食谱 _04
脚本模块	当接收到 挑战失败▼ 停止 角色的其他脚本▼ 隐藏 当接收到 开始挑战▼ 将造型切换为 1 移到 x: 95 y: -10 显示 当接收到 完成▼ 重复执行 10 次 　将 像素▼ 特效增加 10 当角色被点击时 询问 西红柿和土豆相克，不能一起吃，对吗？（A.对 B.不对） 并等待 如果 回答 = A 或 回答 = a 那么 　说 连最后一题你都竟然答对啦！ 1 秒 　将造型切换为 2 　将 得分▼ 增加 1 否则 　说 再给你一次机会吧！ 1 秒 　将 机会▼ 增加 -1
指令描述	由上述四组程序模块可知，食谱的四个角色都移到了坐标（95，-10）。思考：为什么四个角色移到了同一处而不重叠？原因就在于这四个角色的造型中心是四个扇形的直角顶点。如果造型中心是胡乱设置的，那么要把四个扇形拼成一个完整的圆会变得很麻烦。

4. "博士版"猫咪侠 – 脚本

该角色共有 3 个不同的造型，分别表示正常、失败和胜利。

造型 1（正常）	造型 2（失败）	造型 3（胜利）

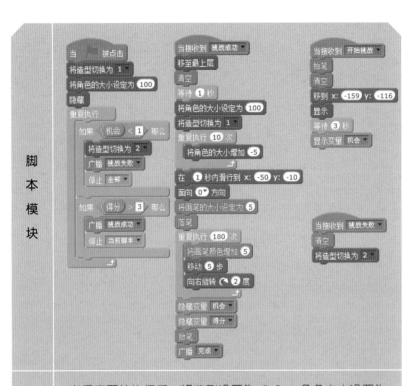

当程序开始执行后，将造型设置为"1"，角色大小设置为默认大小，并隐藏。重复执行下列指令：如果变量"机会"<1，则发送广播"挑战失败"并停止全部脚本，表示游戏失败；如果变量"得分">3，则广播"挑战成功"并停止当前脚本，表示游戏胜利。

当接收到广播"挑战成功"时，移到指定位置，并画一个彩色的圆将食谱圈起来。然后隐藏变量"机会"和"得分"，最后发出广播"完成"。

当接收到广播"开始挑战"时，清空画笔痕迹，移至指定坐标位置后显示，并提示游戏操作方法，等待3秒后在舞台上显示变量"机会"。

当接收到广播"挑战失败"时，表示猫咪侠挑战失败，清空画笔，并将切换到哭脸的造型2。

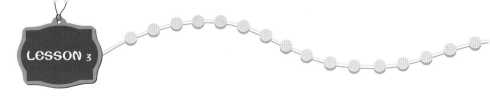
5. 文字 – 脚本

该角色共有 3 个造型，在游戏中用来提示说明。这些造型都是从 PPT 中导出来的，简单好用。

造型 1	造型 2	造型 3
挑战开始	挑战失败!	挑战成功!

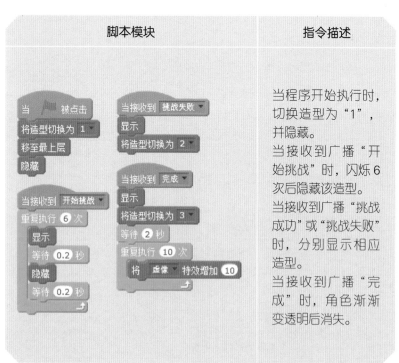

脚本模块	指令描述
	当程序开始执行时，切换造型为"1"，并隐藏。 当接收到广播"开始挑战"时，闪烁 6 次后隐藏该造型。 当接收到广播"挑战成功"或"挑战失败"时，分别显示相应造型。 当接收到广播"完成"时，角色渐渐变透明后消失。

🎬 6. 七彩珠 – 脚本

角色	脚本模块	指令描述
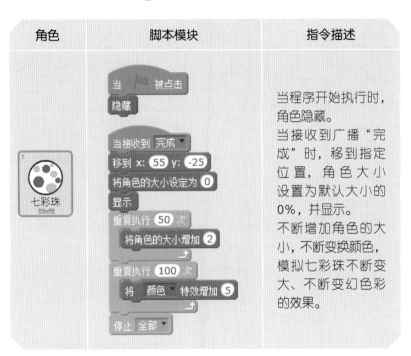 七彩珠 69x66	当 ▸ 被点击 隐藏 当接收到 完成 ▾ 移到 x: 55 y: -25 将角色的大小设定为 0 显示 重复执行 50 次 　将角色的大小增加 2 重复执行 100 次 　将 颜色 ▾ 特效增加 5 停止 全部 ▾	当程序开始执行时，角色隐藏。 当接收到广播"完成"时，移到指定位置，角色大小设置为默认大小的0%，并显示。 不断增加角色的大小，不断变换颜色，模拟七彩珠不断变大、不断变幻色彩的效果。

7. 舞台背景 – 脚本

舞台背景共有 4 个不同的造型。

造型1	造型2	造型3	造型4
1 480x360	2 480x360	3 480x360	佛跳墙 480x360

脚本模块	指令描述
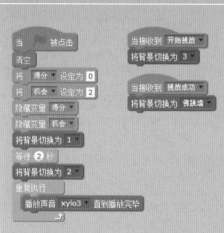	程序开始时，初始背景设置为"1"，等待2秒后，将背景切换为"2"。然后重复播放系统音乐"xylo3"。 当接收到广播"开始挑战"时，将舞台背景切换为系统背景库"3"，即游戏时的背景。 当接收到广播"挑战成功"时，将舞台背景切换为"佛跳墙"。

五、教你一招

　　右图所示是本节中用到的一段画圆程序。一个圆有 360 度，用画笔每次画 5 步，然后向右转动 2 度，重复该过程 180 次就可以画出一个圆。

　　聪明的你应该已经发现，旋转角度 * 重复次数 =360 度。那么，如果旋转角度等于 1 度，重复次数是不是就应该变成 360 了呢？

六、挑战自我

设计一个阿里巴巴和四十大盗的游戏，只有说对咒语"芝麻开门"时，才能启动山洞大门拿到宝藏。

七、温故知新

循环结构在游戏设计中常用于某段需要反复执行的脚本。如本课中，反复播放音乐、不断让角色变大等脚本都用到了循环结构。在下图"猜大小"的游戏作品中，执行反复询问和回答的指令段就用到了循环语句。

注意 通常，循环结构都有终止条件，也就是在有限次循环后要结束，否则就会变成"死循环"。

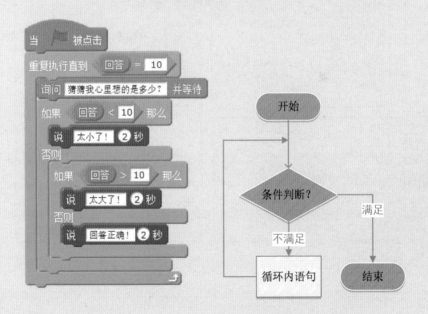

LESSON 4　试问谁是球王

一、创设情境

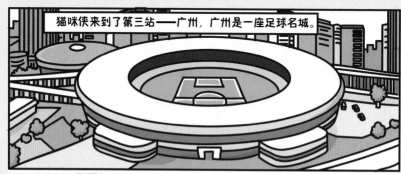

猫咪侠来到了第三站——广州，广州是一座足球名城。

只有赢了我，你才能拿到七彩珠。

看球！

踢足球，哈，这也难不倒我，我在"猫爪"学校时还是校足球队队长呢！

二、开动脑筋

　　猫咪侠要跟厨师在天河体育场比试任意球功夫。猫咪侠共有 7 次射门机会，如果进了 5 球就可以得到厨师手中的一颗七彩珠。

　　猫咪侠，瞄好角度，看准时机，骗过守门员，拔脚怒射……

三、角色登场

四、亲身体验

1. 设置变量

射门机会：用来记录猫咪侠拥有的射门次数，初始值是 7，猫咪侠每踢一球，该值就减 1。

瞄准器 x：用来记录瞄准器的 x 坐标值，当猫咪侠射门时，球就向瞄准器所在的位置移动。

瞄准器 y：用来记录瞄准器的 y 坐标值，当猫咪侠射门时，球就向瞄准器所在的位置移动。

进球数：用来记录猫咪侠的进球个数，当进球数达到 5 个时，宣布猫咪侠胜利。

2. "C罗版"猫咪侠 – 脚本

"C罗版"猫咪侠有2个造型，造型1是正常状态，造型2是拨脚怒射状态。

造型1（正常状态）	造型2（拨脚怒射）

角色	脚本模块	指令描述

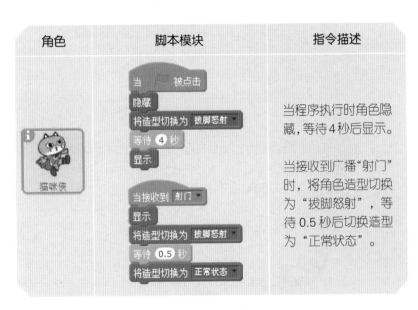

当程序执行时角色隐藏，等待4秒后显示。

当接收到广播"射门"时，将角色造型切换为"拨脚怒射"，等待0.5秒后切换造型为"正常状态"。

3. 足球 – 脚本 ⚽

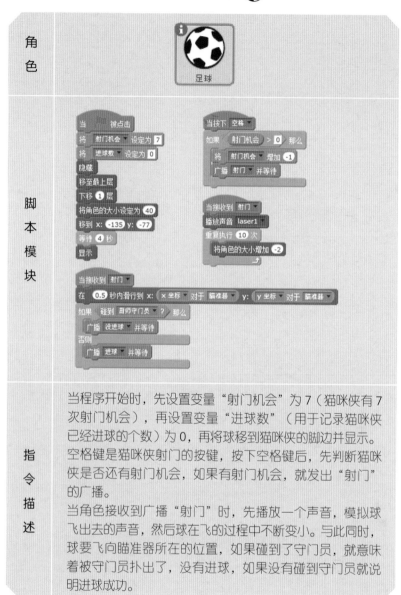

角色	
脚本模块	
指令描述	当程序开始时，先设置变量"射门机会"为7（猫咪侠有7次射门机会），再设置变量"进球数"（用于记录猫咪侠已经进球的个数）为0，再将球移到猫咪侠的脚边并显示。空格键是猫咪侠射门的按键，按下空格键后，先判断猫咪侠是否还有射门机会，如果有射门机会，就发出"射门"的广播。 当角色接收到广播"射门"时，先播放一个声音，模拟球飞出去的声音，然后球在飞的过程中不断变小。与此同时，球要飞向瞄准器所在的位置，如果碰到了守门员，就意味着被守门员扑出了，没有进球，如果没有碰到守门员就说明进球成功。

当接收到 进球 ▼

将 进球数 ▼ 增加 1

说 耶！射门成功！ 1 秒

等待 1 秒

将角色的大小设定为 40

移到 x: -135 y: -77

如果 进球数 = 5 那么

　广播 挑战成功 ▼ 并等待

如果 射门机会 = 0 那么

　广播 挑战失败 ▼ 并等待

当接收到 没进球 ▼

说 唉，真不小心，丢了一球。 1 秒

等待 1 秒

将角色的大小设定为 40

移到 x: -135 y: -77

如果 射门机会 = 0 那么

　广播 挑战失败 ▼ 并等待

指令描述

当接收到广播"没进球"后，先说一句话，表示没进球真遗憾。然后将角色设置为指定大小并移至指定位置。接着判断射门机会是否为 0，若为 0，就发布广播"挑战失败"。当接收到"进球"广播后，将变量"进球数"增加 1，然后发出"说"指令。等待 1 秒后，将角色设置为指定大小并移至指定位置。判断猫咪侠的"进球数"是否为 5，如果是，则广播"挑战成功"，如果不是，再判断"射门机会"是否为 0，若为 0，则广播"挑战失败"。

4. 瞄准器 – 脚本

在游戏中，瞄准器会循环扫描球门，模拟猫咪侠扫视球门。当按下发球键，球就飞向瞄准器所在的位置。

角色造型	脚本模块	指令描述
瞄准器	当 🚩 被点击 隐藏 等待 4 秒 显示 移到 x: 119 y: -64 重复执行 　在 1 秒内滑行到 x: 153 y: -89 　在 1 秒内滑行到 x: 124 y: -48 　在 1 秒内滑行到 x: 154 y: -49 　在 1 秒内滑行到 x: 123 y: -28 　在 1 秒内滑行到 x: 156 y: -20 　在 1 秒内滑行到 x: 124 y: -4 　在 1 秒内滑行到 x: 153 y: 13 　在 1 秒内滑行到 x: 121 y: 25 　在 1 秒内滑行到 x: 156 y: 42 　在 1 秒内滑行到 x: 123 y: 43 　在 1 秒内滑行到 x: 156 y: 73 当接收到 射门 隐藏 等待 2 秒 显示	程序执行后角色隐藏，等待4秒后显示并移至指定位置，然后重复执行在球门框区域内滑行，为猫咪侠的射门寻找突破口。 当接收到广播"射门"时，先隐藏，等待2秒后显示。

5. 厨师守门员 – 脚本

厨师守门员要在球门前不停地移动，阻止猫咪侠进球。

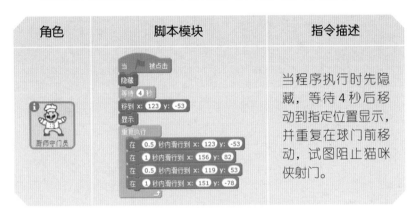

角色	脚本模块	指令描述
厨师守门员	当▶被点击 隐藏 等待 4 秒 移到 x: 123 y: -53 显示 重复执行 　在 0.5 秒内滑行到 x: 123 y: -53 　在 1 秒内滑行到 x: 156 y: 82 　在 0.5 秒内滑行到 x: 119 y: 53 　在 1 秒内滑行到 x: 151 y: -78	当程序执行时先隐藏，等待 4 秒后移动到指定位置显示，并重复在球门前移动，试图阻止猫咪侠射门。

6. 文字 – 脚本

"文字"角色共有 3 个造型，分别给出"开始说明""挑战成功""挑战失败"的文字提示。这些文字可通过 PPT 导出得到。

造型	舞台显示效果
开始说明 426x193	只要踢进5球，就可以取得胜利哦！ 按下空格键射门
2 挑战失败！ 挑战失败 329x69	挑战失败！

造型	舞台显示效果
3 挑战成功！ 挑战成功 329x89	挑战成功！

角色	脚本模块	指令描述
只管往后冲吧，你可以取得最后的胜利！ 将下体得到的勇 文字	当 被点击 隐藏 等待 4 秒 移到 x: 1 y: 54 移至最上层 将造型切换为 开始说明 显示 等待 2 秒 隐藏 当接收到 挑战成功 移到 x: 48 y: 53 将造型切换为 挑战成功 显示 当接收到 挑战失败 移到 x: 48 y: 53 将造型切换为 挑战失败 显示	程序执行后先隐藏4秒，然后移到指定位置最上层，切换造型为"开始说明"后显示，向玩家展示游戏规则，等待2秒后再隐藏。当接收到广播"挑战成功"时，移动到指定位置，将造型切换为"挑战成功"并显示。当接收到广播"挑战失败"时，移动到指定位置，将造型切换为"挑战失败"并显示。

7. 白云 – 脚本

"白云"角色只有 1 个造型，可用绘图编辑器加工完成。

角色	脚本模块	指令描述
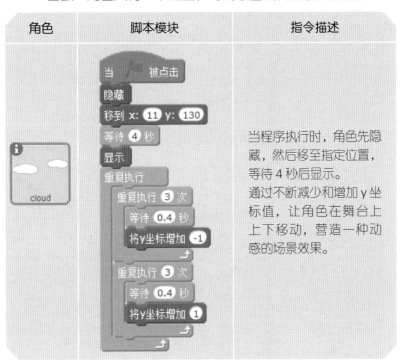cloud	当 被点击 隐藏 移到 x: 11 y: 130 等待 4 秒 显示 重复执行 　重复执行 3 次 　等待 0.4 秒 　将y坐标增加 -1 　重复执行 3 次 　等待 0.4 秒 　将y坐标增加 1	当程序执行时，角色先隐藏，然后移至指定位置，等待 4 秒后显示。 通过不断减少和增加 y 坐标值，让角色在舞台上上下移动，营造一种动感的场景效果。

8. 舞台背景 – 脚本

舞台背景共有 3 个不同的造型。

造型1	造型2	造型3
球门 480x360	广州塔 480x360	天河体育场 480x360

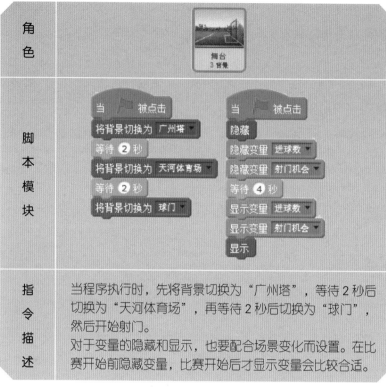

角色	
	舞台 3背景
脚本模块	当 🚩 被点击 将背景切换为 广州塔 等待 2 秒 将背景切换为 天河体育场 等待 2 秒 将背景切换为 球门 当 🚩 被点击 隐藏 隐藏变量 进球数 隐藏变量 射门机会 等待 4 秒 显示变量 进球数 显示变量 射门机会 显示
指令描述	当程序执行时,先将背景切换为"广州塔",等待2秒后切换为"天河体育场",再等待2秒后切换为"球门",然后开始射门。 对于变量的隐藏和显示,也要配合场景变化而设置。在比赛开始前隐藏变量,比赛开始后才显示变量会比较合适。

9. 七彩珠 – 脚本 ⚽

该角色共有 4 个造型,用来模拟光芒四射的七彩珠,分别如下所示:

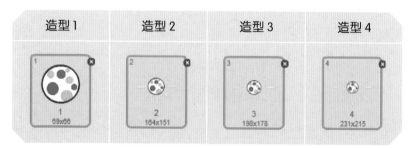

造型 1	造型 2	造型 3	造型 4
1 69x66	2 164x151	3 198x178	4 231x215

脚本模块	指令描述
	程序执行时，先将角色大小设定为默认大小的 60%，并隐藏。 在"数据"指令类中新建变量"降落"。当接收到"挑战成功"时，等待 2 秒后将变量"降落"初始值设置为 10，切换成造型 1，移至最上层后显示。 通过重复执行让 y 坐标值不断减小，让七彩珠从上而下降落，并不断闪烁。利用"降落 *0.95"表达式，让七彩珠的下落速度越来越慢。 通过重复切换造型，改变颜色特效，让七彩珠在不断变幻中发射出耀眼的光芒。

好了，还等什么，快去足球场看看猫咪侠的任意球水平吧！

五、教你一招

在游戏设计中，我们经常需要用到一些动感场景来活跃气氛，这可以通过系统绘图编辑器绘制后再加上一些简单的脚本来实现。如本课例中，"白云"角色先通过绘图编辑器完成绘制，再重复执行增减 y 坐标值的一段脚本。绘图时先使用工具 ▭ 的白色实心圆

填充图案，再连续画三个白色的圆叠加在一起形成"白云"，效果如下图所示。

六、日积月累

在游戏设计中，适当增加一些场景音效可以丰富游戏的感官体验，让游戏更形象更逼真。如在本课例中，可以为射门动作添加音效，进球后可以添加观众鼓掌及欢呼的声音。

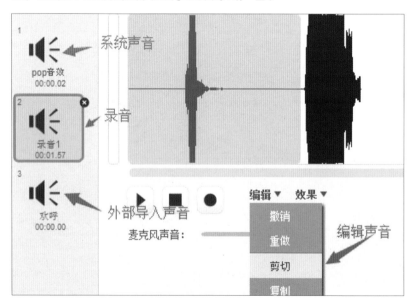

场景音效可以通过网络搜索下载免费音效或自己录制等方法获取。在 Scratch2.0 中可以导入外部音效文件，也可以直接通过与电脑相连的麦克风来录音。Scratch2.0 支持 WAV 和 MP3 两种格式的声音文件，如果文件不是这两种格式，可以通过 GoldWave 等声音编辑软件来修改文件格式。

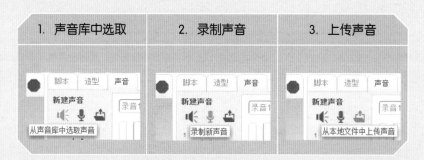

在足球比赛中，踢任意球时通常会在球前设置一道人墙，以增加射门的难度。试一试，在本课的游戏中增加一道人墙，让游戏更真实。

LESSON 5　誓死保卫农场

一、创设情境

猫咪侠来到了四川大熊猫基地，这里是师父的故乡。

四川的食材基地被灰蝙蝠攻击了，变得一片狼藉。

哼！

可恶的灰蝙蝠！

想不劳而获！

没那么容易！

先问问俺猫咪侠的三齿钉耙答不答应！

挑战成功！

// 农场 //

二、开动脑筋

在这个游戏中，猫咪侠要保护好农场不被灰蝙蝠偷袭。

按下空格键来启动游戏，用鼠标的水平移动来控制猫咪侠的水平移动。猫咪侠只能在地面上保护食材基地，所以准确灵活地移动就显得非常重要。

在游戏中，当猫咪侠抵挡住灰蝙蝠的 20 次偷袭，则守卫成功；如果猫咪侠被偷袭成功 4 次，则守卫失败。

三、角色登场

四、亲身体验

1. 设置变量

灰蝙蝠得分：如果灰蝙蝠偷袭农场成功，则灰蝙蝠得分加 1。

猫咪侠得分：如果猫咪侠驱赶灰蝙蝠成功，则猫咪侠得分加 1。

2. 舞台背景 – 脚本

舞台背景共有 3 个不同的造型。

脚本模块	指令描述
当 🚩 被点击 将背景切换为 大熊猫基地 ▼ 等待 2 秒 将背景切换为 杜甫草堂 ▼ 等待 2 秒 将背景切换为 农场 ▼	程序执行后，先将背景切换为"大熊猫基地"，等待2秒后切换为"杜甫草堂"，再等待2秒后切换为"农场"。
当接收到 开始游戏 ▼ 重复执行 　播放声音 xylo4 ▼ 直到播放完毕	当接收到广播"开始游戏"后，循环播放系统音乐"xylo4"。
当接收到 开始游戏 ▼ 清除所有图形特效 重复执行 　重复执行 2 次 　　等待 0.3 秒 　　将 亮度 ▼ 特效增加 -5 　重复执行 2 次 　　等待 0.3 秒 　　将 亮度 ▼ 特效增加 5	当接收到广播"开始游戏"后，清除所有图形特效，重复执行指令，让当前舞台背景呈现忽明忽暗的效果，营造一种神秘的战斗气氛。

3. 文字 – 脚本

该角色有 3 个造型，用于游戏中的文字提示。这些文字可在 PPT 中设计并导出。

造型1	造型2	造型3
保卫农场， 防止蝙蝠来破坏！ 按下空格键开始游戏	挑战成功！	挑战失败！

角色	脚本模块	指令描述
文字	当 ▶ 被点击 移到 x: 0 y: 70 隐藏 等待 4 秒 显示	程序执行后，角色移到指定位置并隐藏，等待 4 秒后显示。
	当 ▶ 被点击 移到 x: 0 y: 70 隐藏 等待 4 秒 将造型切换为 游戏规则 显示	当程序开始执行后，先将"文字"角色移到指定位置，并隐藏。等待 4 秒后切换到造型"游戏规则"并显示。

角色	脚本模块	指令描述
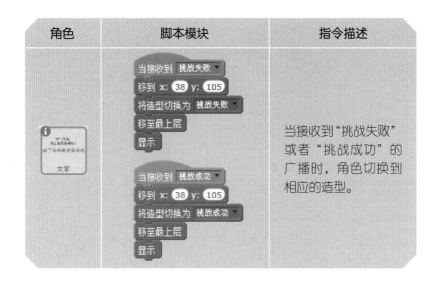		当接收到"挑战失败"或者"挑战成功"的广播时，角色切换到相应的造型。

4. 猫咪侠 – 脚本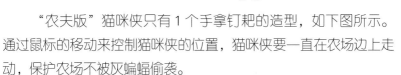

"农夫版"猫咪侠只有1个手拿钉耙的造型，如下图所示。通过鼠标的移动来控制猫咪侠的位置，猫咪侠要一直在农场边上走动，保护农场不被灰蝙蝠偷袭。

造型

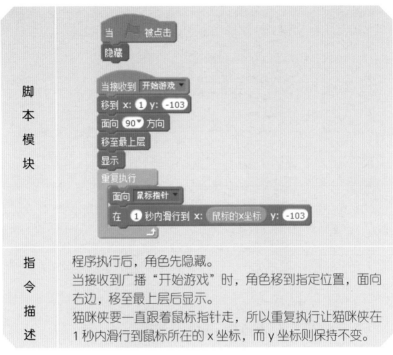

脚本模块	
指令描述	程序执行后，角色先隐藏。 当接收到广播"开始游戏"时，角色移到指定位置，面向右边，移至最上层后显示。 猫咪侠要一直跟着鼠标指针走，所以重复执行让猫咪侠在1秒内滑行到鼠标所在的 x 坐标，而 y 坐标则保持不变。

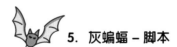 **5. 灰蝙蝠 – 脚本**

　　角色"灰蝙蝠"共有 2 个造型，在游戏中用来模拟灰蝙蝠飞翔的动作。灰蝙蝠会使用分身术，变出多只灰蝙蝠，他们要去偷袭农场。

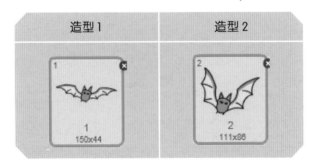

造型1	造型2
1 150x44	2 111x86

脚本模块	指令描述
当 ▶ 被点击 隐藏 隐藏变量 猫咪侠得分 ▼ 隐藏变量 灰蝙蝠得分 ▼ 克隆 自己 ▼ 克隆 自己 ▼ 克隆 自己 ▼	程序开始执行时，先隐藏角色和两个变量，然后克隆出3只灰蝙蝠，使游戏中有4只灰蝙蝠。
当接收到 开始游戏 ▼ 显示变量 灰蝙蝠得分 ▼ 将 灰蝙蝠得分 ▼ 设定为 0 等待 0.5 秒 重复执行 　如果 碰到 农场 ▼ ？ 那么 　　将 灰蝙蝠得分 ▼ 增加 1 　　说 偷袭成功！ 　　播放声音 scream-female 　　等待 0.5 秒 　　说 □ 　如果 灰蝙蝠得分 > 3 那么 　　隐藏 　　停止所有声音 　　广播 挑战失败 ▼ 并等待 　　删除本克隆体	编写灰蝙蝠偷袭得分的程序。 主要是检测灰蝙蝠是否碰到了农场，如果碰到农场就代表偷袭成功，然后为灰蝙蝠加分，并让灰蝙蝠说一句话，同时播放尖叫声。 如果"灰蝙蝠得分"大于3，即"灰蝙蝠得分"大于等于4，则广播猫咪侠"挑战失败"，删除克隆体。

脚本模块	指令描述
当接收到 开始游戏 ▾ 显示变量 猫咪侠得分 ▾ 将 猫咪侠得分 ▾ 设定为 0 等待 0.5 秒 重复执行 　如果 碰到 猫咪侠 ▾ ? 那么 　　将 猫咪侠得分 ▾ 增加 1 　　等待 0.5 秒 　如果 猫咪侠得分 > 19 那么 　　隐藏 　　广播 挑战成功 ▾ 并等待 　　等待 5 秒 　　删除本克隆体	编写灰蝙蝠偷袭失败的程序。 主要是检测灰蝙蝠是否碰到了猫咪侠，如果碰到了，就代表灰蝙蝠被猫咪侠驱赶了，猫咪侠获得加分。 如果"猫咪侠得分"大于19，即"猫咪侠得分"大于等于20，则广播猫咪侠"挑战成功"，删除克隆体。
当接收到 开始游戏 ▾ 显示 移到 x: 在 -160 到 160 间随机选一个数 y: 165 面向 猫咪侠 ▾ 重复执行 　如果 碰到 猫咪侠 ▾ ? 或 碰到 农场 ▾ ? 那么 　　面向 在 30 到 -30 间随机选一个数 方向 　移动 在 10 到 15 间随机选一个数 步 　碰到边缘就反弹 　等待 0.08 秒 　下一个造型	编写灰蝙蝠飞行的程序。 当接收到广播"开始游戏"时，角色显示并移至随机位置，然后面向猫咪侠飞行。重复执行指令，如果碰到了猫咪侠或者农场，灰蝙蝠就改变飞行方向。为了区分4只灰蝙蝠的飞行节奏，灰蝙蝠的移动步数采用随机数。 试一试：使用不同的参数来控制灰蝙蝠的飞行，看看会对灰蝙蝠的飞行造成什么样的影响。

6. 七彩珠 – 脚本

角色	脚本模块	指令描述
七彩珠	当 ▶ 被点击 隐藏 当接收到 挑战成功 ▼ 将角色的大小设定为 60 移到 x: 1 y: 154 显示 重复执行 80 次 　将y坐标增加 -2 　将 颜色 ▼ 特效增加 1	当程序执行时，先隐藏该角色。 当接收到广播"挑战成功"时，将该角色大小设定为默认大小的60%，并移到指定位置，通过不断减少 y 坐标值使七彩珠下落，同时颜色特效不断变化。

7. 农场 – 脚本

在游戏中，用角色"农场"来表示农场所属范围。

角色	脚本模块	指令描述
农场	当 ▶ 被点击 隐藏 当接收到 开始游戏 ▼ 移到 x: 1 y: -160 显示	程序执行后，角色隐藏。 当接收到广播"开始游戏"时，移到指定位置并显示。

五、教你一招

如何让角色追随鼠标移动？在游戏设计中，我们经常需要让角色追随鼠标移动，如枪战射击类游戏等，这时只要把对象的移动坐标设置成鼠标当前的坐标就可以了。如果希望对象沿着某一水平线（垂直线）移动，只要把 y 坐标值（x 坐标值）设置成固定数值，而 x 坐标值（y 坐标值）改成与鼠标的相同。

鼠标追随	水平移动
当 ▶ 被点击 重复执行 　移到 x: 鼠标的x坐标 y: 鼠标的y坐标	当 ▶ 被点击 重复执行 　移到 x: 鼠标的x坐标 y: 10

六、挑战自我

找一找：改变程序中的哪些参数可以改变游戏的难度？比如，为了让游戏更难通过，可以增加灰蝙蝠的数量。

你还能列举出几个类似的修改方案呢？列在下面，并试一试！

在游戏设计中，我们常用变量来表示一些类似积分、生命值等经常需要变化的数据。在 Scratch2.0 中，我们可以使用"数据"指令类中的"新建变量"按钮来创建需要在程序中使用的变量。创建好的变量可以根据需要设置为"显示"或"隐藏"，也可以为其设定初值，在程序执行中可以增加或减少其数值。如在本课例中就根据程序需要创建了两个变量。其中"猫咪侠得分"用来表示猫咪侠的积分，其初值为 0。当猫咪侠成功驱赶灰蝙蝠时，积分值增加。当猫咪侠的得分达到 20 时，广播胜利信息。

```
当接收到 开始游戏 ▼
显示变量 猫咪侠得分 ▼
将 猫咪侠得分 ▼ 设定为 0
等待 0.5 秒
重复执行
    如果 碰到 猫咪侠 ▼ ？ 那么
        将 猫咪侠得分 ▼ 增加 1
        等待 0.5 秒

    如果 猫咪侠得分 > 19 那么
        隐藏
        广播 挑战成功 ▼ 并等待
        等待 5 秒
        删除本克隆体
```

LESSON 6　幽灵迷宫探险

一、创设情境

二、开动脑筋

猫咪侠悄悄潜入机关重重的秦王地宫，去寻找藏在地宫中的七彩珠。一路上，猫咪侠可能会遇到黑巫师设下的道道关卡，所以一定要小心哦。

在游戏中，猫咪侠不能碰到墙上红色的火焰，如果碰到了就会回到起点。七彩珠由灰蝙蝠守护，猫咪侠一定要趁灰蝙蝠不注意的时候取走，如果让灰蝙蝠撞上了，猫咪侠也得回到起点。

猫咪侠拿到七彩珠之后，还要想办法从地宫出去，出去之前要拿到钥匙，用钥匙打开通往出口的暗门。

在这蜿蜒曲折的迷宫里，一不小心就会触发黑暗料理界布下的机关。胆大心细是顺利闯关的秘诀！用键盘上的上、下、左、右键来控制猫咪侠移动，以避开各种机关，找到出口。

1. 设置变量

得分：该变量的默认值为 0，当猫咪侠拿到七彩珠时变量就会变成 1。当猫咪侠走到迷宫出口时，检查该变量是否等于 1，如果等于 1，则猫咪侠能出去，否则就不算完成任务。

时间：该变量用于记录猫咪侠的闯关时间，如果猫咪侠花费的时间超过一定值，就直接宣布挑战失败。

2. 猫咪侠 – 脚本

猫咪侠只有 1 个造型。猫咪侠可以在地宫中行走，但是要避免碰到来回巡视的黑巫师、盘旋在七彩珠周围的灰蝙蝠，以及墙上的火把，如果碰到其中一样，猫咪侠将返回起点重新出发。

角色	脚本模块	指令描述
	当 被点击 显示 将角色的大小设定为 15 面向 90▾ 方向 移到 x: -213 y: -159 移至最上层 显示变量 时间▾ 将 得分▾ 设定为 0 等待 0.5 秒 说 我的任务是拿到七彩珠并顺利走出迷宫! 3 秒	程序开始时，对角色进行初始化设置，将角色大小设为默认大小的15%，起点是屏幕左下角，同时初始化计时变量"时间"和得分变量"得分"。等待0.5秒之后说一句话，接下来就可以开始游戏了。
	当按下 上移键▾ 将y坐标增加 2 如果 碰到颜色 ? 那么 将y坐标增加 -2 当按下 下移键▾ 将y坐标增加 -2 如果 碰到颜色 ? 那么 将y坐标增加 2 当按下 左移键▾ 面向 -90▾ 方向 将x坐标增加 -2 如果 碰到颜色 ? 那么 将x坐标增加 2 当按下 右移键▾ 面向 90▾ 方向 将x坐标增加 2 如果 碰到颜色 ? 那么 将x坐标增加 -2	设置按下"上、下、左、右"键时角色的坐标变化情况，这样就可以用键盘来控制猫咪侠的灵活移动了。 注意：在移动时，如果碰到"灰色"（灰色的围墙），则要向相反方向移动相同的距离，以模拟猫咪侠碰到灰色的墙壁时不至于穿墙而过。 在游戏制作过程中要反复试验，如果出现穿墙的情况，则要及时修改。

（接上表）

脚本模块	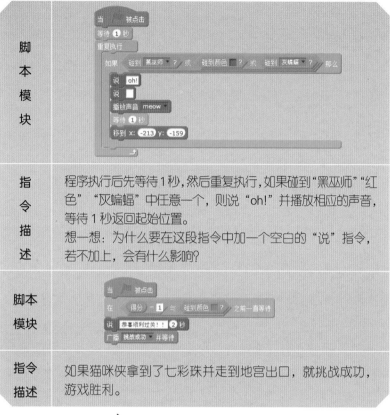
指令描述	程序执行后先等待1秒,然后重复执行,如果碰到"黑巫师""红色""灰蝙蝠"中任意一个,则说"oh!"并播放相应的声音,等待1秒返回起始位置。 想一想:为什么要在这段指令中加一个空白的"说"指令,若不加上,会有什么影响?
脚本模块	当 被点击 在 (得分) = 1 与 碰到颜色 ■ ? 之前一直等待 说 恭喜顺利过关!! 2 秒 广播 挑战成功 并等待
指令描述	如果猫咪侠拿到了七彩珠并走到地宫出口,就挑战成功,游戏胜利。

 3. 灰蝙蝠 – 脚本

灰蝙蝠是黑暗料理界派来阻挠猫咪侠得到七彩珠的,他一直在七彩珠的周围盘旋。如果猫咪侠不幸被灰蝙蝠碰到就会回到起点。

脚本模块	指令描述
当 被点击 重复执行 等待 1.5 秒 移到 x: -165 + 在 -40 到 40 间随机选一个数 y: 127 + 在 -40 到 40 间随机选一个数 下一个造型 将角色的大小设定为 在 30 到 40 间随机选一个数	当程序开始时,让灰蝙蝠围绕七彩珠盘旋。

4. 黑巫师 – 脚本

"黑巫师"角色有 2 种造型，在迷宫通道里来回巡逻。

角色	脚本模块	指令描述
黑巫师	当 被点击 将角色的大小设定为 30 移到 x: -206 y: 13 重复执行 面向 90 方向 在 5 秒内滑行到 x: 175 y: 14 等待 2 秒 面向 -90 方向 在 5 秒内滑行到 x: -214 y: 14 等待 2 秒	当程序执行时，角色先设定大小和初始位置，并重复在迷宫通道的两个固定位置间来回移动。
	当 被点击 重复执行 等待 0.5 秒 下一个造型	当程序执行时，间隔 0.5 秒交替切换造型，模拟角色动态移动效果。

5. 钥匙、锁 – 脚本

"钥匙"和"锁"角色各有 1 个造型，猫咪侠只有拿到钥匙才能打开机关锁，启动迷宫中的神秘移动墙。

角色	脚本模块	指令描述
钥匙	当 被点击 显示 将角色的大小设定为 60 移到 x: -2 y: -132 在 碰到 猫咪侠 之前一直等待 播放声音 fairydust 重复执行 移到 猫咪侠 如果 碰到 锁 那么 播放声音 fairydust 广播 打开暗门 隐藏	当程序执行时，设定好角色大小，并移到指定位置。在碰到猫咪侠时，播放系统声音"fairydust"并跟随其移动，如果碰到角色"锁"，播放声音"fairydust"并发出广播"打开暗门"然后隐藏。

角色	脚本模块	指令描述
锁	当 ▶ 被点击 移到 x: 215 y: 31	当程序执行时，移动到指定位置。

注意 在绘图编辑器中绘制"钥匙"角色时，要将造型中心位置设置得高一些（如下图所示）。想一想，这样做的原因是什么？

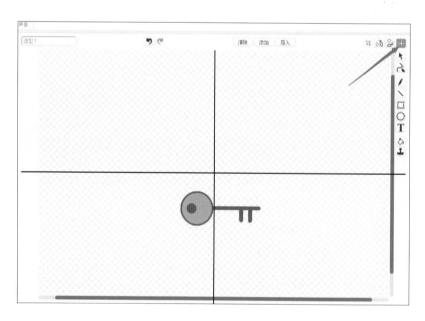

⚽ **6. 暗门 – 脚本**

当钥匙碰到了锁，就会发出"打开暗门"的广播。当暗门收到这一广播，就滑行到一侧。

角色	脚本模块	指令描述
暗门	当 ▮ 被点击 移到 x: 117 y: 75	当程序执行时，设定暗门的初始位置。
	当接收到 打开暗门 播放声音 door creak 思考 启动神秘大门 1 秒 在 3 秒内滑行到 x: 359 y: 74	当接收到广播"打开暗门"时，在播放系统声音"door creak"的同时显示文字"启动神秘大门"，持续时间1秒，然后在3秒内滑行到指定位置。

7. 七彩珠 – 脚本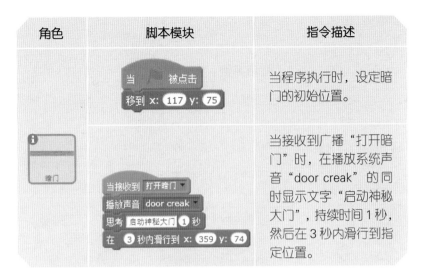

当猫咪侠完成挑战任务时，七彩珠出现。

角色	脚本模块	指令描述
七彩珠	当 ▮ 被点击 清除所有图形特效 将角色的大小设定为 30 重复执行 将 颜色 特效增加 25 等待 0.2 秒	程序执行时，先清除图形特效并将角色设定为指定的大小，然后通过不断增加颜色特效值让七彩珠发出耀眼的光芒。
	当 ▮ 被点击 移到 x: -165 y: 127 显示 在 碰到 猫咪侠 ？ 之前一直等待 播放声音 fairydust 将 得分 增加 1 隐藏	程序开始时，将七彩珠移动到指定位置并显示。如果七彩珠碰到了猫咪侠，就播放声音，并给猫咪侠加1分，然后隐藏。

8. 舞台背景 – 脚本

地下迷宫地图主要以舞台背景的方式呈现，建议可以在 PPT 中利用绘图工具完成，然后导入 Scratch 背景中。

造型 1（地宫）	造型 2（西安城墙）	造型 3（羊肉泡馍）

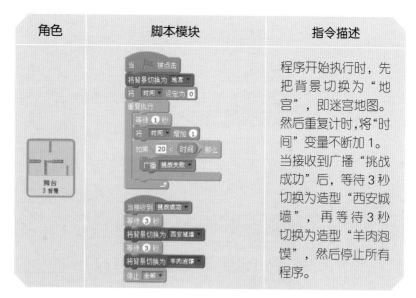

角色	脚本模块	指令描述
舞台 3 背景		程序开始执行时，先把背景切换为"地宫"，即迷宫地图。然后重复计时，将"时间"变量不断加 1。当接收到广播"挑战成功"后，等待 3 秒切换为造型"西安城墙"，再等待 3 秒切换为造型"羊肉泡馍"，然后停止所有程序。

至此，幽灵迷宫探险的游戏就算是制作完成了。快去试一试，看谁能在最短的时间内拿到七彩珠并闯出迷宫。

五、教你一招

在游戏设计中，我们经常会遇到边界设计问题，如在本课中用灰色的墙砖当作边界。当角色在移动中碰到边界则无法穿越，在 Scratch 软件中可以使用向反方向移动同样的距离，来巧妙地实现这个功能。

六、挑战自我

颜色识别是游戏设计中经常要用到的一个简单易行的对象侦测方法。如本课例中的迷宫墙壁就是采用颜色识别来实现的。但在设计时，要注意这些颜色和舞台上其他背景颜色不同，不然会导致颜色误判。

LESSON 7 沙漠生死时速

一、创设情境

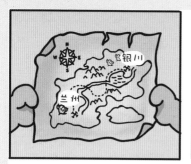

高温，沙漠，孤独，敌人，这一路上会遇到的阻碍真不少。但是为了救师父，我什么都不怕！

还要带点水果给自己补充体力。

离终点不远了，同学们快来助我一臂之力吧！

07沙漠生死时速

时间 4
生命值 4

二、开动脑筋

　　猫咪侠驾驶着汽车从兰州到银川，日夜兼程，一路上会遇到很多障碍和危险，你要帮助猫咪侠避开危险顺利完成任务。
　　你可以用左右键来控制小车的左右移动，用上移键来控制小车起跳躲避出现的障碍，不过起跳时要小心随时出现的灰蝙蝠。

LESSON 7

三、角色登场

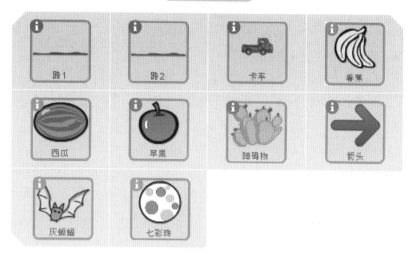

路1	路2	卡车	香蕉
西瓜	苹果	障碍物	箭头
灰蝙蝠	七彩珠		

四、亲身体验

1. 设置变量

时间：用于计时，当猫咪侠坚持到一定时间时就宣布挑战成功。

生命值：用于记录猫咪侠的生命值，初始值是 4。每次被袭击或者碰到障碍物都会导致生命值减分。

路面移动量：为了模拟汽车前进的效果，采用路面向后运动的办法，该变量用于记录路面向后的移动量。

2. 舞台背景 – 脚本

"舞台背景" 角色共有 16 个造型，造型 1~10 用来模拟昼夜路况（可用 PPT 绘制后导入），造型 11 用来表示游戏胜利后的画面，造型 12~16 用来展示途中风景及各地美食，分别如下所示：

造型 1	造型 2	造型 3	造型 4
造型 5	造型 6	造型 7	造型 8
造型 9	造型 10	造型 11	造型 12
		You Win!!	
造型 13	造型 14	造型 15	造型 16

角色	脚本模块	指令描述
舞台 16 背景	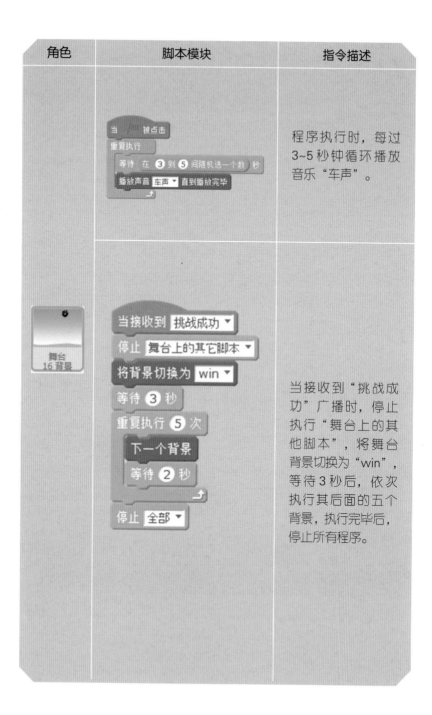	程序执行时，每过3~5秒钟循环播放音乐"车声"。
		当接收到"挑战成功"广播时，停止执行"舞台上的其他脚本"，将舞台背景切换为"win"，等待3秒后，依次执行其后面的五个背景，执行完毕后，停止所有程序。

角色	脚本模块	指令描述
舞台 16 背景	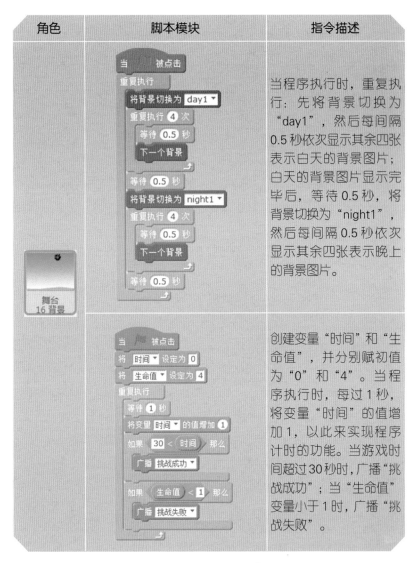	当程序执行时，重复执行：先将背景切换为"day1"，然后每间隔0.5秒依次显示其余四张表示白天的背景图片；白天的背景图片显示完毕后，等待0.5秒，将背景切换为"night1"，然后每间隔0.5秒依次显示其余四张表示晚上的背景图片。
		创建变量"时间"和"生命值"，并分别赋初值为"0"和"4"。当程序执行时，每过1秒，将变量"时间"的值增加1，以此来实现程序计时的功能。当游戏时间超过30秒时，广播"挑战成功"；当"生命值"变量小于1时，广播"挑战失败"。

3. 路面 – 脚本 ⚽

角色"路1""路2"各有1个造型，用来模拟颠簸不平的路面。绘制时注意要和舞台背景同宽，通过脚本使路面先完整出现，然后不断向左移动，直到离开画面。

LESSON 7

角色	脚本模块	指令描述
路1	当 ▊ 被点击 将 路面移动量 ▾ 设定为 0 显示 移至最上层 下移 1 层 重复执行 　将 路面移动量 ▾ 增加 -1 　如果 路面移动量 < -479 那么 　　将 路面移动量 ▾ 设定为 0 　将x坐标设定为 路面移动量 当接收到 挑战成功 ▾ 隐藏	程序执行后，将变量"路面移动量"初值设为0，角色显示并移至最上层。角色下移一层后，重复执行指令，将"路面移动量"值不断减少，当其值小于 -479 时，重新设置为0，同时，将路面的 x 坐标和变量"路面移动量"保持同步。即 x 坐标值从"0"到"-479"不断改变，让角色"路1"从舞台中间往左侧移动，直到移出画面为止。该指令以路面在后退，造成车辆在前进的感觉。 当接收到广播"挑战成功"，即游戏过关时，该角色隐藏。
路2	当 ▊ 被点击 显示 移至最上层 将y坐标设定为 1 重复执行 　将x坐标设定为 路面移动量 + 479 当接收到 挑战成功 ▾ 隐藏	程序执行后，角色显示并移到最上层，将 y 坐标设置为固定值1，x 坐标设置为"路面移动量 +479"，让"路面2"从舞台右侧移动到舞台中间位置。 通过"路面移动量"，将"路1"和"路2"连在一起，同时向左侧移动。 当接收到广播"挑战成功"后，角色隐藏。

90

4. 卡车 – 脚本

"卡车"角色共有 2 个不同的造型,分别是正常行驶的小车和游戏失败时的小车造型。

卡车载着猫咪侠前进,你可以用方向键控制卡车,卡车上还装有一些水果。如果在行驶过程中,卡车撞到了障碍物或被灰蝙蝠袭击,就会丢失水果。

	造型 1(正常行驶的小车)	造型 2(游戏失败的小车)

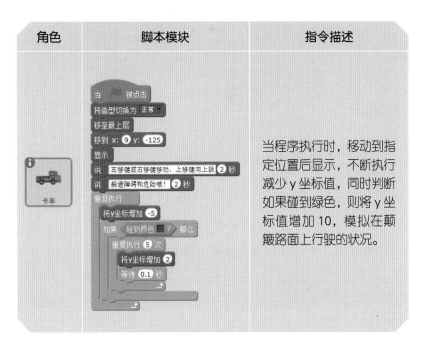

角色	脚本模块	指令描述
卡车	当 ▐ 被点击 将造型切换为 正常 ▾ 移至最上层 移到 x: 9 y: -125 显示 说 左移键或右移键移动,上移键向上跳 2 秒 说 躲避障碍和危险哦! 2 秒 重复执行 　将y坐标增加 -5 　如果 碰到颜色 ? 那么 　　重复执行 5 次 　　将y坐标增加 2 　　等待 0.1 秒	当程序执行时,移动到指定位置后显示,不断执行减少 y 坐标值,同时判断如果碰到绿色,则将 y 坐标值增加 10,模拟在颠簸路面上行驶的状况。

角色	脚本模块	指令描述
卡车	当按下 左移键▼ 移动 -5 步 当按下 右移键▼ 移动 5 步 当按下 上移键▼ 重复执行 10 次 　将y坐标增加 12 重复执行直到 y座标 < -129 　将y坐标增加 -5	控制卡车移动的脚本。 按下左移键，卡车移动 -5 步；按下右移键，卡车移 动 5 步。 按下上移键，卡车先向上 移动，然后再下落，模拟 卡车起跳的过程。
	当接收到 挑战失败▼ 将造型切换为 失败▼ 当接收到 挑战成功▼ 隐藏	挑战失败或者挑战成功 的脚本。

5. 水果 – 脚本

在游戏中，香蕉、西瓜、苹果是小车运载的三样水果，在行进中它们要和小车保持同步。小车每碰到障碍物或灰蝙蝠一次，就会损失其中一样水果。

角色造型	脚本模块	指令描述
香蕉	当按下 右移键 ▼ 移动 5 步 当按下 左移键 ▼ 移动 -5 步 当按下 上移键 ▼ 重复执行 10 次 　将y坐标增加 12 重复执行直到 y座标 < -90 　将y坐标增加 -5 当接收到 挑战成功 ▼ 隐藏	通过键盘上的左、右、上键来控制香蕉与小车同步移动。 当接收到"挑战成功"的广播时，隐藏该角色。
	当 ▼ 被点击 显示 面向 90° 方向 移到 x: -78 y: -95 将 生命值 ▼ 设定为 4 重复执行 　重复执行直到 生命值 < 4 　　将y坐标增加 5 　　等待 0.5 秒 　　将y坐标增加 -5 　　等待 0.5 秒 　面向 在 15 到 345 间随机选一个数 方向 　在 1 秒内滑行到 x: 在 250 到 -250 间随机选一个数 y: 180 　隐藏 　停止 当前脚本 ▼	程序执行时，移至指定位置。通过不断改变 y 坐标值，模拟在颠簸不平的路面上水果上下振动的效果。当卡车撞到障碍物或者灰蝙蝠时，生命值就会减少。当"生命值"小于4时，香蕉就会上弹，到一个随机的位置后隐藏，然后停止当前脚本。

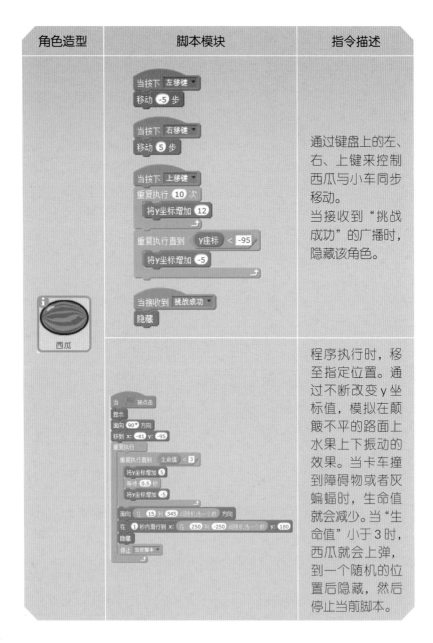

角色造型	脚本模块	指令描述
西瓜	当按下 左移键 移动 -5 步 当按下 右移键 移动 5 步 当按下 上移键 重复执行 10 次 　将y坐标增加 12 重复执行直到　y座标 < -95 　将y坐标增加 -5 当接收到 挑战成功 隐藏	通过键盘上的左、右、上键来控制西瓜与小车同步移动。 当接收到"挑战成功"的广播时，隐藏该角色。
	当　被点击 显示 面向 90 方向 移到 x: -41 y: -95 重复执行 　重复执行直到　生命值 < 3 　　将y坐标增加 5 　　等待 0.5 秒 　　将y坐标增加 -5 　面向 在 15 到 345 间随机选一个数 方向 　在 1 秒内滑行到 x: 在 250 到 -250 间随机选一个数 y: 180 　隐藏 　停止 当前脚本	程序执行时，移至指定位置。通过不断改变 y 坐标值，模拟在颠簸不平的路面上水果上下振动的效果。当卡车撞到障碍物或者灰蝙蝠时，生命值就会减少。当"生命值"小于3时，西瓜就会上弹，到一个随机的位置后隐藏，然后停止当前脚本。

角色造型	脚本模块	指令描述
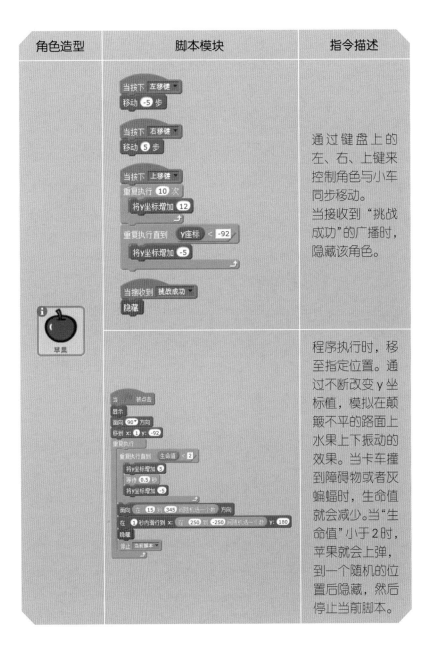 苹果	当按下 左移键▾ 移动 -5 步 当按下 右移键▾ 移动 5 步 当按下 上移键▾ 重复执行 10 次 　将y坐标增加 12 重复执行直到 y座标 < -92 　将y坐标增加 -5 当接收到 挑战成功▾ 隐藏	通过键盘上的左、右、上键来控制角色与小车同步移动。 当接收到"挑战成功"的广播时，隐藏该角色。
	当 ▶ 被点击 显示 面向 90° 方向 移到 x: 0 y: -92 重复执行 　重复执行直到 生命值 < 2 　　将y坐标增加 5 　　等待 0.5 秒 　　将y坐标增加 -5 　面向 在 15 到 345 间随机选一个数 方向 　在 1 秒内滑行到 x: 在 250 到 -250 间随机选一个数 y: 180 　隐藏 　停止 当前脚本▾	程序执行时，移至指定位置。通过不断改变 y 坐标值，模拟在颠簸不平的路面上水果上下振动的效果。当卡车撞到障碍物或者灰蝙蝠时，生命值就会减少。当"生命值"小于 2 时，苹果就会上弹，到一个随机的位置后隐藏，然后停止当前脚本。

6. 障碍物 – 脚本

"障碍物"角色共有 2 个造型，分别是石头和仙人掌。当小车碰到随机出现的障碍物时，生命值减少 1。所以，卡车要尽量避开这些障碍物。

造型 1（石头）	造型 2（仙人掌）
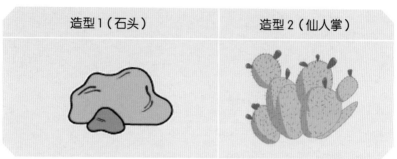	

脚本模块	指令描述
当 ▶ 被点击 隐藏 重复执行 　等待 在 4 到 7 间随机选一个数 秒 　移到 x: 210 y: -150 　显示 　等待 1 秒 　重复执行直到 x坐标 < -230 　　将x坐标增加 -20 　下一个造型 　隐藏	障碍物的随机出现脚本。 当程序开始运行时，障碍物是隐藏的，然后随机等待几秒之后就会出现，出现后等待 1 秒，然后向左侧移动。障碍物向左移动，表示车向右运动。
当 ▶ 被点击 等待 1 秒 重复执行 　如果 碰到 卡车 ? 那么 　　播放声音 尖叫 直到播放完毕 　　将 生命值 增加 -1 　　等待 3 秒	程序执行 1 秒后不断检测，如果障碍物碰到了卡车，则播放尖叫声，并将"生命值"减 1。

7. 灰蝙蝠 – 脚本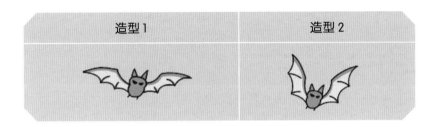

"灰蝙蝠"角色共有 2 个造型，在游戏中设置成随机出现在空中。小车每次碰到灰蝙蝠，生命值就减少 1。

造型 1	造型 2

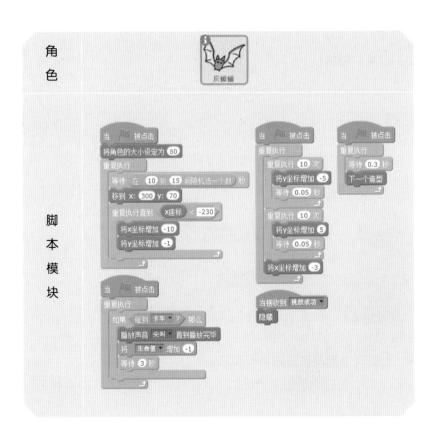

角色

脚本模块

当 被点击
将角色的大小设定为 80
重复执行
　等待 在 10 到 15 间随机选一个数 秒
　移到 x: 300 y: 70
　重复执行直到 x座标 < -230
　　将x座标增加 -10
　　将y座标增加 -1

当 被点击
重复执行
　重复执行 10 次
　　将y座标增加 -5
　　等待 0.05 秒
　重复执行 10 次
　　将y座标增加 5
　　等待 0.05 秒
　将x座标增加 -3

当 被点击
重复执行
　等待 0.3 秒
　下一个造型

当 被点击
重复执行
　如果 碰到 卡车 ？ 那么
　　播放声音 尖叫 直到播放完毕
　　将 生命值 增加 -1
　　等待 3 秒

当接收到 挑战成功
隐藏

指令描述	程序执行后先等待一个随机的时间,然后移动到指定位置,通过减少 x 坐标值、y 坐标值让角色往舞台左下方移动,直到 y 坐标值小于 −230,即角色到达舞台边缘,之后隐藏。通过不断切换造型及增加和减少 y 坐标值来模拟灰蝙蝠飞翔的情境。 如果灰蝙蝠碰到卡车,就意味着猫咪侠被袭击了,其生命值需减少。 当接收到广播"挑战成功"时,角色隐藏。

8. 箭头 – 脚本

该角色显示在舞台上方,用来指示小车前进的方向。

角色	脚本模块	指令描述
箭头	当 ▣ 被点击 显示 重复执行 　将 颜色▾ 特效增加 25 当接收到 挑战成功▾ 隐藏	程序执行时显示角色,并不断改变颜色效果。 当接收到广播"挑战成功"时,隐藏角色。

9. 七彩珠造型及其脚本参考 lesson4

好了,现在启动载着水果的小货车,向沙漠进发吧,祝你好运!

五、教你一招

在游戏作品设计中，我们经常需要模拟汽车等角色在颠簸的路面上跳跃前行，这时可以通过检测移动对象是否碰到地面或某一设定的颜色，不断改变 y 坐标值来实现这个效果，指令串如右图所示。

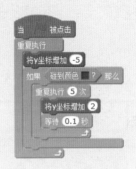

六、挑战自我

在游戏场景中，增加树木数量并放在道路两边，让树木随着小车的移动不断向后倒退，模拟更真实的行驶效果。

七、温故知新

在游戏设计中，我们经常会发现，当用广播激发另一段程序代码运行时，由于当前脚本并没有停止而出现明显的 BUG，这会影响游戏的执行效果。这时我们可以通过"停止当前脚本"指令让该段脚本停止运行，以免干扰其他脚本的正常运行。

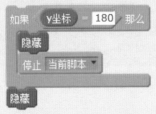

LESSON 8　飞越时空暗道

一、创设情境

键盘控制方向，在30秒内顺利穿越3关

二、开动脑筋

从北京到哈尔滨再到济南，猫咪侠借用时空暗道可以快速到达，但是在时空暗道上会遭到灰蝙蝠和火烈鸟的追击。相信你能帮助猫咪侠躲过这一劫。

用方向键控制猫咪侠，要在限定的时间内到达时空暗道的出口，千万不能让灰蝙蝠和火烈鸟碰到！穿过时空暗道后，猫咪侠就可以得到一颗七彩珠。

三、角色登场

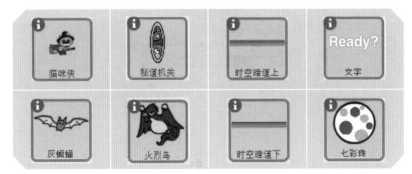

四、亲身体验

1. 设置变量

时间：用于计时，猫咪侠需要在指定的时间内完成任务，如果时间耗尽，则挑战失败。

等级：猫咪侠需要闯关三次，每次都从左边闯过去，到达右侧的机关秘道，每成功一次，等级提升一级。随着等级的提升，灰蝙蝠和火烈鸟也会变换阵势进行阻挠。

2. 文字 – 脚本

"文字"角色在游戏中主要用来给出文字提示，提醒玩家游戏规则以及做好开始游戏的准备。

造型 1	造型 2	造型 3	造型 4
说明 442x26	Ready? ready 141x48	3 3 30x48	2 2 30x48

造型 5	造型 6	造型 7	造型 8
1 1 30x48	GO!! go 91x48	You Win! win 167x48	You Lose! lose 186x48

角色	脚本模块	指令描述
Ready? 文字	当 ▶ 被点击 移至最上层 移到 x: -12 y: -163 将造型切换为 说明 显示 播放声音 triumph 直到播放完毕 等待 0.5 秒 设定乐器为 9 重复执行 5 次 　下一个造型 　弹奏音符 60 0.8 拍 　等待 0.2 秒 等待 0.5 秒 隐藏 广播 开始挑战 将音量设定为 50 重复执行 　播放声音 xylo1 直到播放完毕	当程序执行后，将角色移至最上层的指定位置并显示，角色造型切换为"说明"，提示玩家游戏说明。播放一段开场音乐后，重复5次切换到下一个造型并弹奏音符。这是一段倒计时，分别显示"Ready？""3""2""1""GO！"。然后发出"开始挑战"的广播。在游戏进行过程中，用重复执行循环播放声音"xylo1"作为该游戏背景音乐。
	当接收到 挑战成功 将造型切换为 win 显示 播放声音 triumph 直到播放完毕 停止 全部 当接收到 挑战失败 将造型切换为 lose 显示 停止 全部	当接收到广播"挑战成功"时，将造型切换为"win"并显示，播放声音"triumph"后停止全部程序。 当接收到广播"挑战失败"时，将造型切换为"lose"并显示，同时停止全部程序。

3. "魔法师版" 猫咪侠 – 脚本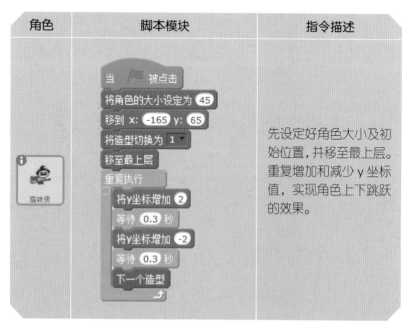

　　"魔法师版" 猫咪侠共有 2 个造型，通过造型的不断切换来模拟猫咪侠骑着扫帚飞行的状态。

造型 1	造型 2

角色	脚本模块	指令描述
猫咪侠	当 ▶ 被点击 将角色的大小设定为 45 移到 x: -165 y: 65 将造型切换为 1 ▼ 移至最上层 重复执行 　将y坐标增加 2 　等待 0.3 秒 　将y坐标增加 -2 　等待 0.3 秒 　下一个造型	先设定好角色大小及初始位置，并移至最上层。重复增加和减少 y 坐标值，实现角色上下跳跃的效果。

角色	脚本模块	指令描述
  猫咪侠	当接收到 开始挑战 ▾ 重复执行 　如果 按键 上移键▾ 是否按下？ 那么 　　将y坐标增加 10 　如果 按键 下移键▾ 是否按下？ 那么 　　将y坐标增加 -10 　如果 按键 左移键▾ 是否按下？ 那么 　　将x坐标增加 -10 　如果 按键 右移键▾ 是否按下？ 那么 　　将x坐标增加 10	接收广播"开始挑战"后，通过电脑键盘上、下、左、右键来控制角色在舞台上自由移动。
	当接收到 开始挑战 ▾ 重复执行 2 次 　在 碰到 秘道机关 ▾ ？ 之前一直等待 　播放声音 fairydust ▾ 　播放声音 meow ▾ 　广播 下一关 ▾ 　移到 x: -165 y: 65 　说 闯过一关啦！ 0.5 秒 说 顺利拿到七彩珠过关！ 1 秒 在 碰到 秘道机关 ▾ ？ 之前一直等待 重复执行 10 次 　将x坐标增加 -5 广播 挑战成功 ▾	当接收到广播"开始挑战"时，如果碰到角色"秘道机关"，播放声音，发出广播"下一关"，并将猫咪侠移到起点准备下一次闯关。 当猫咪侠第三次碰到角色"秘道机关"时，猫咪侠后退并发出广播"挑战成功"。
	当 🚩 被点击 重复执行 　如果 碰到 灰蝙蝠 ▾ ？ 或 碰到 火烈鸟 ▾ ？ 那么 　　播放声音 meow ▾ 　　移到 x: -165 y: 65	当程序执行时，不断检测角色是否碰到灰蝙蝠或火烈鸟。如果碰到了，则播放系统声音"meow"，角色移至起始位置。

4. 灰蝙蝠 – 脚本

灰蝙蝠有 2 个造型，在游戏中阻止猫咪侠顺利通过暗道。

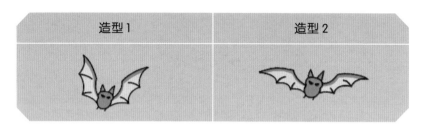

角色	脚本模块	指令描述
灰蝙蝠	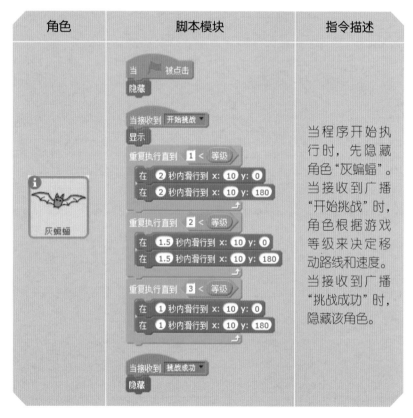	当程序开始执行时，先隐藏角色"灰蝙蝠"。当接收到广播"开始挑战"时，角色根据游戏等级来决定移动路线和速度。当接收到广播"挑战成功"时，隐藏该角色。

5. 火烈鸟 – 脚本

火烈鸟有 2 个造型，用来模拟飞行状态。在游戏中，火烈鸟阻止猫咪侠顺利通过暗道。

| 造型 1 | 造型 2 |

角色	脚本模块	指令描述
火烈鸟	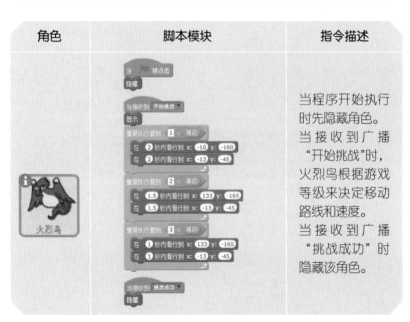	当程序开始执行时先隐藏角色。当接收到广播"开始挑战"时，火烈鸟根据游戏等级来决定移动路线和速度。当接收到广播"挑战成功"时隐藏该角色。

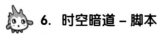 **6. 时空暗道 – 脚本**

角色"时空暗道"分成"时空按道上"和"时空暗道下"，分别在舞台的顶部和底部。在游戏中，该角色一方面作为时空暗道的边界，另一方面限制猫咪侠沿着屏幕边缘溜出去。

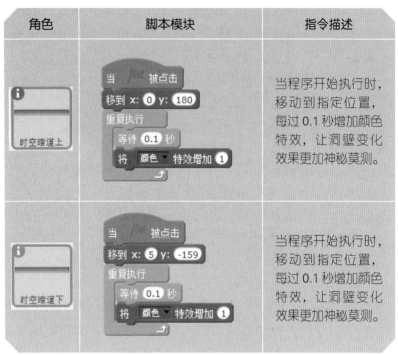

角色	脚本模块	指令描述
时空暗道上	当 被点击 移到 x: 0 y: 180 重复执行 等待 0.1 秒 将 颜色 特效增加 1	当程序开始执行时，移动到指定位置，每过 0.1 秒增加颜色特效，让洞壁变化效果更加神秘莫测。
时空暗道下	当 被点击 移到 x: 5 y: -159 重复执行 等待 0.1 秒 将 颜色 特效增加 1	当程序开始执行时，移动到指定位置，每过 0.1 秒增加颜色特效，让洞壁变化效果更加神秘莫测。

7. 秘道机关 – 脚本

角色"秘道机关"只有 1 个造型。

角色	脚本模块	指令描述
秘道机关	当 被点击 移到 x: 220 y: 73 重复执行 将y坐标增加 2 等待 0.3 秒 将y坐标增加 -2 等待 0.3 秒 将 颜色 特效增加 5	程序开始执行后，将"秘道机关"移到指定位置，然后重复执行先增加 y 坐标值后减小 y 坐标值并将颜色特效增加 5，实现角色上下跳跃的同时，颜色不断变化。

8. 舞台背景 – 脚本

角色"舞台背景"共有 14 个造型，造型 1~13 是猫咪侠沿途经过的风景，造型 14 是途经各地的美食。

造型 1	造型 2	造型 3	造型 4

造型 5	造型 6	造型 7	造型 8

造型 9	造型 10	造型 11	造型 12

造型 13	造型 14

角色	脚本模块	指令描述
舞台 14 背景	当 被点击 将背景切换为 冰雪 1 将 等级 设定为 1 隐藏变量 时间 隐藏变量 等级	当程序执行时，将背景切换为"冰雪 1"，将变量"等级"初值设为 1，然后隐藏变量"时间"和"等级"。

角色	脚本模块	指令描述
舞台 14 背景	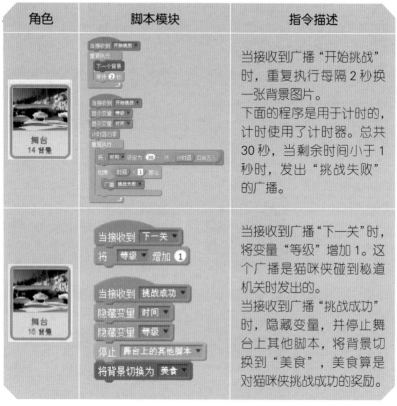	当接收到广播"开始挑战"时，重复执行每隔 2 秒换一张背景图片。 下面的程序是用于计时的，计时使用了计时器。总共 30 秒，当剩余时间小于 1 秒时，发出"挑战失败"的广播。
舞台 16 背景		当接收到广播"下一关"时，将变量"等级"增加 1。这个广播是猫咪侠碰到秘道机关时发出的。 当接收到广播"挑战成功"时，隐藏变量，并停止舞台上其他脚本，将背景切换到"美食"，美食算是对猫咪侠挑战成功的奖励。

游戏制作完成后不要忘了保存哦！猫咪侠能否在灰蝙蝠、火烈鸟的追击中快速冲出时空暗道获取七彩珠，就看你的表现啦。

五、教你一招

键盘控制技术：在游戏中经常要使用键盘来控制游戏对象的移动，我们可以通过控制键盘上、下、左、右键来"指挥"游戏对象的移动方向及步数。如本例中，猫咪侠的灵活移动就是使用键盘控制的典型例子。

六、挑战自我

如何防止游戏操作中的作弊行为？很多游戏因为设计得不完善，总会留下一些 BUG。游戏开发者要尽可能通过不同途径反复测试，给可能存在的漏洞打上补丁，让作弊者无机可乘。

七、温故知新

我们来看下面两段程序。在挑战过程中，背景在不断地切换，如果要求在收到广播"挑战成功"后，背景锁定为"美食"，通过下面两段程序可以实现吗？

思考后我们发现，哪怕背景切换成了"美食"，也会被如上左图的程序块切换到下一个背景。

这时就可以通过 停止 角色的其他脚本 ▼ 指令来结束如上右图的程序。

用下面这些程序，是不是就可以实现了呢？赶紧试一试吧！

LESSON 9 黑暗终级对决

一、创设情境

猫咪侠终于来到了上海，站在东方明珠塔下面。

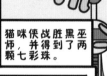

猫咪侠战胜黑巫师，并得到了两颗七彩珠。

猫咪侠与黑巫师在东方明珠塔下展开了激烈的战斗。

在游戏中，黑巫师会用偷来的南翔小笼包攻击猫咪侠。猫咪侠则可以用盾牌抵挡或者跳跃来躲避攻击，当然也可以月光法术攻击对手。只要在游戏中消耗完黑巫师的能量，便可得到七彩珠。

四、亲身体验

1. 设置变量

猫咪侠能量：用于记录猫咪侠的能量值，初始值为100。猫咪侠受到黑巫师攻击时能量会减少。

黑巫师能量：用于记录黑巫师的能量值，初始值为99。黑巫师受到猫咪侠攻击时能量会减少。

2. 猫咪侠 – 脚本

猫咪侠可以由方向键控制移动和跳跃，数字键"1"和"2"分别控制使用攻击法术和盾牌。

角色	脚本模块	指令描述
猫咪侠	当按下 上移键 播放声音 meow 重复执行 6 次 　将y坐标增加 30 　等待 0.02 秒 重复执行直到 y坐标 = -66 　将y坐标增加 -10 当按下 右移键 将x坐标增加 10 当按下 左移键 将x坐标增加 -10	编写控制猫咪侠移动的指令。 简单来说，跳跃是一个先向上再下落的过程。当按下"上移键"后，将猫咪侠的y坐标值先增加后减小即可完成跳跃的动作。 按下"左移键""右移键"分别控制猫咪侠向左向右移动。

角色	脚本模块	指令描述
	当按下 2 ▼ 广播 盾牌 ▼ 并等待 当按下 1 ▼ 广播 攻击法术 ▼ 并等待	编写攻击和防御指令。当按下"2"时，猫咪侠拿起盾牌防护，发出广播"盾牌"，该广播会被角色"盾牌"接收到。当按下"1"时，猫咪侠发起进攻，发出广播"攻击法术"，该广播会被角色"攻击法术"接收到。
猫咪侠	当 ▶ 被点击 面向 90▼ 方向 移到 x: -165 y: -51 将 猫咪侠能量 ▼ 设定为 100 隐藏变量 猫咪侠能量 ▼ 清除所有图形特效 显示 说 准备战斗！ 0.5 秒	角色的初始化操作。当程序执行后，对"猫咪侠"做初始化操作，并移至指定位置，将变量"猫咪侠能量"设为100后隐藏，清除所有图形特效后，角色显示，并说"准备战斗"。
	当 ▶ 被点击 重复执行 　如果 碰到 小笼包 ▼ ? 或 碰到 黑图巫师 ▼ ? 那么 　　将 猫咪侠能量 ▼ 增加 -5 　　播放声音 scream-female ▼ 　　重复执行 10 次 　　　将 颜色 ▼ 特效增加 25 　　清除所有图形特效 　　如果 猫咪侠能量 = 0 那么 　　　广播 挑战失败 ▼ 　面向 黑图巫师 ▼	判断失分和失败的程序。在游戏过程中，如果猫咪侠碰到了黑巫师或者小笼包，减少猫咪侠的能量，同时改变猫咪侠的颜色特效。如果猫咪侠的能量为0，就发出广播"挑战失败"，表示游戏失败。

3. 黑巫师 – 脚本

角色"黑巫师"只有 1 个造型，是游戏中的终极大 BOSS，是猫咪侠的主要敌人。他会在猫咪侠的必经之路上来回走动，并向猫咪侠发起攻击，攻击武器就是小笼包。

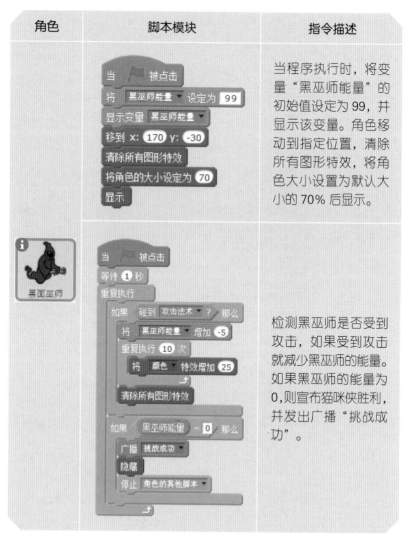

角色	脚本模块	指令描述
	当 ▶ 被点击 将 黑巫师能量 设定为 99 显示变量 黑巫师能量 移到 x: 170 y: -30 清除所有图形特效 将角色的大小设定为 70 显示	当程序执行时，将变量"黑巫师能量"的初始值设定为 99，并显示该变量。角色移动到指定位置，清除所有图形特效，将角色大小设置为默认大小的 70% 后显示。
黑面巫师	当 ▶ 被点击 等待 1 秒 重复执行 　如果 碰到 攻击法术 ? 那么 　　将 黑巫师能量 增加 -5 　　重复执行 10 次 　　　将 颜色 特效增加 25 　　清除所有图形特效 　如果 黑巫师能量 = 0 那么 　　广播 挑战成功 　　隐藏 　　停止 角色的其他脚本	检测黑巫师是否受到攻击，如果受到攻击就减少黑巫师的能量。如果黑巫师的能量为 0，则宣布猫咪侠胜利，并发出广播"挑战成功"。

116

程序执行后，等待 1 秒，重复执行角色在随机时间内滑行到舞台上的随机位置，模拟黑巫师左右移动。

4. 小笼包 – 脚本

角色"小笼包"只有 1 个造型，在游戏中用来模拟黑巫师攻击猫咪侠时使用的武器。

角色	脚本模块	指令描述
小笼包		小笼包随机攻击猫咪侠的程序指令。当程序开始之后，角色隐藏，等待 1 秒后，重复执行下列指令：等待一段随机时间，角色移动到"黑巫师"身后，然后面向"猫咪侠"，角色显示，播放声音"laser1"，接着重复移动 40 次，每次移动 8 步，角色隐藏。

角色	脚本模块	指令描述
小笼包	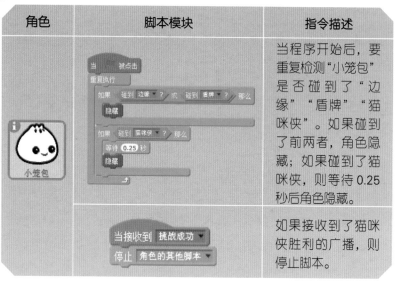	当程序开始后，要重复检测"小笼包"是否碰到了"边缘""盾牌""猫咪侠"。如果碰到了前两者，角色隐藏；如果碰到了猫咪侠，则等待0.25秒后角色隐藏。
	当接收到 挑战成功 ▼ 停止 角色的其他脚本 ▼	如果接收到了猫咪侠胜利的广播，则停止脚本。

5. 猫咪侠能量条 - 脚本

与猫咪侠能量有关的角色有2个。其中，角色"猫咪侠能量条"用来表示猫咪侠能量值的即时变化信息；为了让能量条看上去更形象，角色"猫咪侠能量条面板"是在其上方增加了一个面板，以挡住左上角区域。

角色	脚本模块	指令描述
猫咪侠能...	当 ▼ 被点击 移到 x: -237 y: 133 显示 重复执行 　将 颜色 ▼ 特效设定为 0 　将角色的大小设定为 猫咪侠能量 　如果 猫咪侠能量 < 21 那么 　　将 颜色 ▼ 特效设定为 170 　如果 猫咪侠能量 < 1 那么 　　隐藏	程序执行时，角色移到指定位置并显示，重复执行让角色大小和能量值（初始为100）同步变化。当能量值小于21时，改变颜色为红色，表示危险；当能量值小于1时，隐藏该角色。

角色	脚本模块	指令描述
 猫咪侠能…	当 ▣ 被点击 移到 x: -210 y: 139 显示	程序执行时，移动到指定位置并显示。

6. 黑巫师能量条 – 脚本 🐦

"黑巫师能量条" 共有 5 个造型，在游戏中用来表示黑巫师能量值的即时变化，即从满血到消耗完的过程。

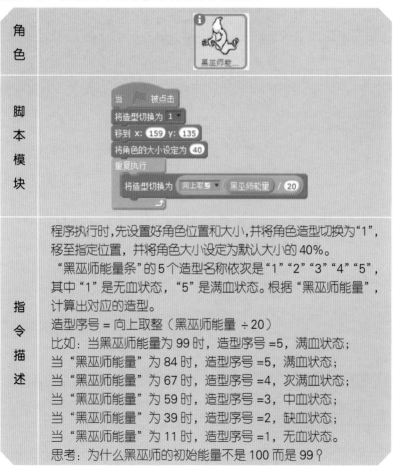

角色	黑巫师能…
脚本模块	当 ▣ 被点击 将造型切换为 1 ▾ 移到 x: 159 y: 135 将角色的大小设定为 40 重复执行 　将造型切换为 向上取整 黑巫师能量 / 20
指令描述	程序执行时,先设置好角色位置和大小,并将角色造型切换为"1",移至指定位置，并将角色大小设定为默认大小的 40%。 "黑巫师能量条"的 5 个造型名称依次是"1""2""3""4""5"，其中"1"是无血状态，"5"是满血状态。根据"黑巫师能量"，计算出对应的造型。 造型序号 = 向上取整（黑巫师能量 ÷20） 比如：当黑巫师能量为 99 时，造型序号 =5，满血状态 当"黑巫师能量"为 84 时，造型序号 =5，满血状态； 当"黑巫师能量"为 67 时，造型序号 =4，次满血状态； 当"黑巫师能量"为 59 时，造型序号 =3，中血状态； 当"黑巫师能量"为 39 时，造型序号 =2，缺血状态； 当"黑巫师能量"为 11 时，造型序号 =1，无血状态。 思考：为什么黑巫师的初始能量不是 100 而是 99？

7. 文字 – 脚本

用于提示玩家挑战失败或者挑战成功。

角色	脚本模块	指令描述
You Lose! 文字	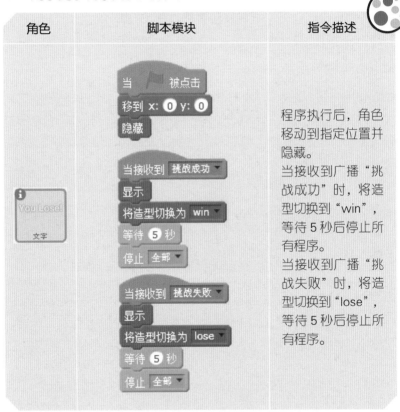 当 ▶ 被点击 移到 x: 0 y: 0 隐藏 当接收到 挑战成功 显示 将造型切换为 win 等待 5 秒 停止 全部 当接收到 挑战失败 显示 将造型切换为 lose 等待 5 秒 停止 全部	程序执行后，角色移动到指定位置并隐藏。 当接收到广播"挑战成功"时，将造型切换到"win"，等待 5 秒后停止所有程序。 当接收到广播"挑战失败"时，将造型切换到"lose"，等待 5 秒后停止所有程序。

8. 盾牌 – 脚本

盾牌是猫咪侠用来保护自己的，按下数字键"2"，即可使用盾牌。

角色	脚本模块	指令描述
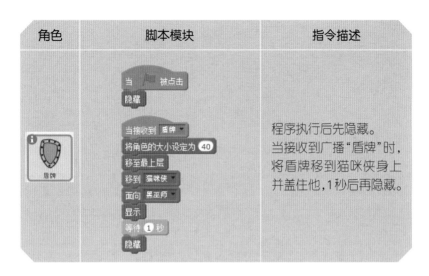	当 ▢ 被点击 隐藏 当接收到 盾牌 ▾ 将角色的大小设定为 40 移至最上层 移到 猫咪侠 面向 黑巫师 显示 等待 1 秒 隐藏	程序执行后先隐藏。 当接收到广播"盾牌"时，将盾牌移到猫咪侠身上并盖住他，1秒后再隐藏。

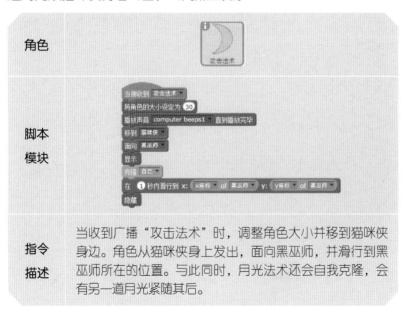

9. 攻击法术 – 脚本

攻击法术是猫咪侠的攻击技能，按下数字键"1"，就会有一道月光从猫咪侠身后飞出，飞向黑巫师。

角色	
脚本 模块	当接收到 攻击法术 ▾ 将角色的大小设定为 30 播放声音 computer beeps1 ▾ 直到播放完毕 移到 猫咪侠 ▾ 面向 黑巫师 ▾ 显示 克隆 自己 ▾ 在 1 秒内滑行到 x: x座标 ▾ of 黑巫师 ▾ y: y座标 ▾ of 黑巫师 ▾ 隐藏
指令 描述	当收到广播"攻击法术"时，调整角色大小并移到猫咪侠身边。角色从猫咪侠身上发出，面向黑巫师，并滑行到黑巫师所在的位置。与此同时，月光法术还会自我克隆，会有另一道月光紧随其后。

脚本 模块	当作为克隆体启动时 将角色的大小设定为 20 面向 黑巫师 在 1.5 秒内滑行到 x: x座标 of 黑巫师 y: y座标 of 黑巫师 隐藏
指令 描述	"攻击法术"的克隆体大小要比本体小一点，同时速度也 稍微慢一点。

10. 七彩珠 – 脚本

角色	脚本模块	指令描述
七彩珠	当 ▶ 被点击 移到 x: 26 y: 200 将角色的大小设定为 70 隐藏 当接收到 挑战成功 显示 重复执行 30 次 　将y坐标增加 -5 　将 颜色 特效增加 1 重复执行 　如果 碰到 猫咪侠 ? 那么 　　隐藏	程序执行时，设置 角色大小及位置并 隐藏。 当接收到广播"挑 战成功"时显示， 通过重复执行让 y 坐标值减少即让角 色下落。 持续增加颜色特效 让角色"发光"。 如果碰到猫咪侠， 则角色隐藏。

　　游戏制作完成后不要忘了保存哦！猫咪侠能否在与黑巫师的
战斗中胜出，顺利拿到对解救师父至关重要的两颗七彩珠就看你的
表现啦！相信自己，勇敢去战斗吧！

五、教你一招

我们在游戏设计中经常会对能量状态进行设置，如人物或角色从能量"满血"到最后能量"耗尽"。相对比较简单的设置是直接显示数值，如果要比较形象地表示就需要想点办法了。

在本课中用到两种方法：第一种是将角色的大小跟能量相关联；第二种是将造型编号跟能量值相关联。第二种方法较难理解，很多同学不太理解 向上取整 模块。

我们都知道"约等于"的运算法则，比如 $21 \div 1 = 5.25 \approx 5$，$19 \div 4 = 4.75 \approx 5$。"约等于"运算就是将结果往邻近的整数靠。

已知 $21 \div 4 = 5.25$，如果用"向上取整""向下取整"来运算呢？

向上取整 $(21 \div 4) = 6$，向上取整就是取比 5.25 大且最近的整数，那就是 6。

向下取整 $(21 \div 4) = 5$，向下取整就是取比 5.25 小且最近的整数，那就是 5。

在本课的程序中，运用"向上取整"运算，根据黑巫师能量计算需要显示的"黑巫师能量的造型编号"，运算程序如图所示：

向上取整 ▼ 黑巫师能量 / 20

学会使用一些简单的数学计算法则，让程序更简洁，更有趣。

六、挑战自我

勇敢的猫咪侠在和黑巫师的战斗过程中悟出了一个绝招"太极神功"。只要猫咪侠在战斗时大喊一声，就可以把黑巫师投出的小笼包反弹回去攻击黑巫师，请你帮助猫咪侠编写脚本实现这个功能。

LESSON 10　闪耀东方明珠

一、创设情境

二、开动脑筋

在本关中，猫咪侠把收集到的九颗七彩珠送回东方明珠塔最高处，同时从塔中解救出师父。师徒二人及好朋友 GOBO 将再次相聚在上海滩，并开启一段全新的旅程。

三、角色登场

| 熊猫大侠 | 猫咪侠 | 文字 | 七彩珠 |
| 文字-完 | Gobo | 飞碟 | |

四、亲身体验

 1. 猫咪侠 – 脚本

猫咪侠共有 2 个造型，主要完成和师父的对话交流。

造型 1	造型 2
猫咪侠说话 106x145	猫咪侠说话2 106x145

角色	脚本模块	指令描述
猫咪侠	当 被点击 将角色的大小设定为 100 显示 移到 x: -172 y: -92 说 师父，您受苦了 2 秒 说 徒弟来救你了 2 秒 当 被点击 重复执行 20 次 下一个造型 等待 0.2 秒 当接收到 登上飞碟 重复执行 10 次 将角色的大小增加 -8 在 1 秒内滑行到 x: 0 y: 60 广播 起飞 当接收到 起飞 在 1 秒内滑行到 x: 260 y: 200 隐藏	程序执行时，将角色设定为指定大小并移至指定位置，通过不断改变造型及"说"指令进行对话。 当接收到广播"登上飞碟"时，角色变小并飞向飞碟，模拟猫咪侠飞上天空后看上去变小的过程。当登上飞碟之后，发出"起飞"的广播，当其他角色接收到该广播时，就会起飞。 当接收到广播"起飞"，移到舞台边缘并隐藏。

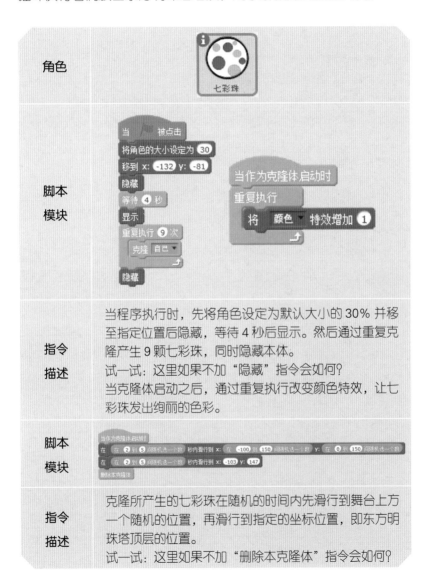

2. 七彩珠 – 脚本

"七彩珠"只有 1 个造型，用来表示猫咪侠收集到的七彩珠。猫咪侠将它们放回东方明珠塔塔顶，用于解救师父熊猫大侠。

角色	七彩珠
脚本模块	当 被点击 将角色的大小设定为 30 移到 x: -132 y: -81 隐藏 等待 4 秒 显示 重复执行 9 次 　克隆 自己 隐藏 当作为克隆体启动时 重复执行 　将 颜色 特效增加 1
指令描述	当程序执行时，先将角色设定为默认大小的 30% 并移至指定位置后隐藏，等待 4 秒后显示。然后通过重复克隆产生 9 颗七彩珠，同时隐藏本体。 试一试：这里如果不加"隐藏"指令会如何？ 当克隆体启动之后，通过重复执行改变颜色特效，让七彩珠发出绚丽的色彩。
脚本模块	当作为克隆体启动时 在 2 到 5 间随机选一个数 秒内滑行到 x: 在 -100 到 150 间随机选一个数 y: 在 0 到 150 间随机选一个数 在 2 到 5 间随机选一个数 秒内滑行到 x: -103 y: 147 删除本克隆体
指令描述	克隆所产生的七彩珠在随机的时间内先滑行到舞台上方一个随机的位置，再滑行到指定的坐标位置，即东方明珠塔顶层的位置。 试一试：这里如果不加"删除本克隆体"指令会如何？

3. 熊猫大侠 – 脚本

熊猫大侠是猫咪侠的师父，猫咪侠用集齐的七彩珠救出了熊猫大侠。

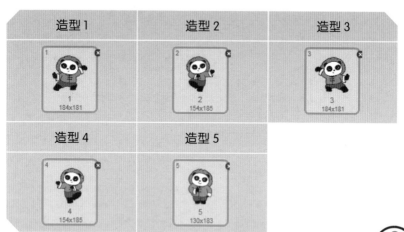

造型 1	造型 2	造型 3
1 184x181	2 154x185	3 184x181

造型 4	造型 5
4 154x185	5 130x183

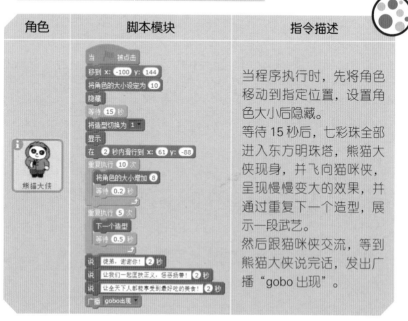

角色	脚本模块	指令描述
熊猫大侠	当 被点击 移到 x: -100 y: 144 将角色的大小设定为 10 隐藏 等待 15 秒 将造型切换为 1 显示 在 2 秒内滑行到 x: 61 y: -88 重复执行 10 次 　将角色的大小增加 8 　等待 0.2 秒 重复执行 5 次 　下一个造型 　等待 0.5 秒 说 徒弟，想死你! 2 秒 说 让我们一起匡扶正义，惩恶扬善! 2 秒 说 让全天下人都能享受到最好吃的美食! 2 秒 广播 gobo出现	当程序执行时，先将角色移动到指定位置，设置角色大小后隐藏。 等待 15 秒后，七彩珠全部进入东方明珠塔，熊猫大侠现身，并飞向猫咪侠，呈现慢慢变大的效果，并通过重复下一个造型，展示一段武艺。 然后跟猫咪侠交流，等到熊猫大侠说完话，发出广播"gobo 出现"。

角色	脚本模块	指令描述
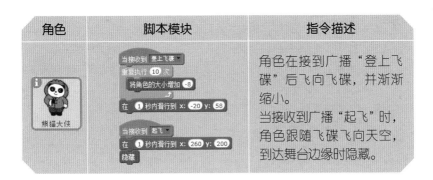熊猫大侠	当接收到 登上飞碟 重复执行 10 次 将角色的大小增加 -8 在 1 秒内滑行到 x: -20 y: 58 当接收到 起飞 在 1 秒内滑行到 x: 260 y: 200 隐藏	角色在接到广播"登上飞碟"后飞向飞碟，并渐渐缩小。 当接收到广播"起飞"时，角色跟随飞碟飞向天空，到达舞台边缘时隐藏。

4. GOBO- 脚本

GOBO 是猫咪侠的好朋友，在游戏中共有 2 个造型，用来模拟该角色说话时的表情。

造型 1	造型 2
1 91x89	2 88x89

角色	脚本模块	指令描述
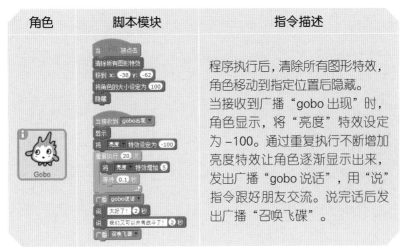Gobo	当 被点击 清除所有图形特效 移到 x: -38 y: -62 将角色的大小设定为 100 隐藏 当接收到 gobo出现 显示 将 亮度 特效设定为 -100 重复执行 20 次 将 亮度 特效增加 5 等待 0.1 秒 广播 gobo说话 说 太好了！ 2 秒 说 我们又可以并肩战斗了！ 2 秒 广播 召唤飞碟	程序执行后，清除所有图形特效，角色移动到指定位置后隐藏。 当接收到广播"gobo出现"时，角色显示，将"亮度"特效设定为 –100。通过重复执行不断增加亮度特效让角色逐渐显示出来，发出广播"gobo说话"，用"说"指令跟好朋友交流。说完话后发出广播"召唤飞碟"。

角色	脚本模块	指令描述
Gobo	当接收到 gobo说话 重复执行 10 次 　下一个造型 　等待 0.3 秒 当接收到 登上飞碟 重复执行 10 次 　将角色的大小增加 -8 　在 1 秒内滑行到 x: -10 y: 60 当接收到 起飞 在 1 秒内滑行到 x: 260 y: 200 隐藏	当接收到"gobo 说话"广播后，通过重复执行让角色不断切换造型，模拟对话交流时的表情。 GOBO 在接到广播"登上飞碟"后飞向飞碟，并渐渐缩小。 当接收到广播"起飞"时，角色跟随飞碟飞向天空，到达舞台边缘时隐藏。

5. 飞碟 – 脚本

飞碟是 GOBO 找来接大家的。飞碟从舞台外飞进来，接上大家后又飞走。

角色	脚本模块	指令描述
飞碟	当 被点击 隐藏 重复执行 　将 颜色 特效增加 5 当接收到 召唤飞碟 显示 将角色的大小设定为 20 移到 x: 240 y: 180 在 3 秒内滑行到 x: 0 y: 60 重复执行 8 次 　将角色的大小增加 10 　等待 0.1 秒 广播 登上飞碟 当接收到 起飞 在 1 秒内滑行到 x: 260 y: 200 广播 完	程序执行时先隐藏，然后通过重复执行让颜色不断改变。 当接收到广播"召唤飞碟"时，角色飞到舞台中央，接上三位好友。飞行过程中，飞碟会不断变换颜色和大小。 当飞碟收到"起飞"的广播后，就飞向舞台外，并发出广播"完"。

6. 文字 – 脚本 🐟

"文字"角色有 10 个造型，作为结束语显示在舞台下方，类似于电影的字幕。

角色	脚本模块	指令描述
文字	当 ▶ 被点击 移到 x: 0 y: -159 移至最上层 将造型切换为 1 显示 重复执行 10 次 　等待 3 秒 　下一个造型 隐藏	当程序执行时，移动到指定的位置并切换造型为"1"显示，即显示第一个字幕。 然后重复执行 10 次切换到下一个造型。10 个造型显示完之后就隐藏该角色。

7. 完 – 脚本 🐱

"完"角色用在结束时，显示一个从小到大变化的"完"字。

角色	脚本模块	指令描述
文字-完	当 ▶ 被点击 移到 x: -5 y: -8 将角色的大小设定为 10 隐藏 当接收到 完 显示 重复执行 10 次 　等待 0.2 秒 　将角色的大小增加 10	当程序执行时，角色移动到指定位置并隐藏。 当接收到广播"完"时，将该字重复 10 次放大。

至此，猫咪侠历险记全部结束了。猫咪侠一路上历尽千辛万苦，经历种种磨难，终于战胜了各种困难，顺利救出了师父。更重要的是，他这一路上结识了许多好朋友，收获了自信，学会了坚持，最终实现了自己的梦想。

在游戏设计中，我们经常要用到复制多个角色的功能，如在本课中需要复制多个七彩珠，在 Scratch2.0 中可使用 [克隆 自己▼] 指令来实现。用 [当作为克隆体启动时] 来描述复制出的角色所执行的动作。但是，要注意别忘了及时删除本克隆体。

```
重复执行 9 次
  克隆 自己▼

当作为克隆体启动时
在 [在 2 到 5 间随机选一个数] 秒内滑行到 x: [在 -100 到 150 间随机选一个数] y: [在 0 到 150 间随机选一个数]
等待 2 秒
在 [在 2 到 5 间随机选一个数] 秒内滑行到 x: 200 y: -10
删除本克隆体
```

为了烘托游戏中欢快的气氛，可以在师父熊猫大侠被救出时，使用舞台背景打出绚丽的焰火画面。试一试，你能实现这种效果吗?

后记

　　小朋友们，猫咪侠的故事虽然结束了，但我们怀揣着善意和友爱去探索未知世界的道路才刚刚开始！如果有机会，请一定要和爸爸妈妈去本书中描绘的几个城市走走，说不定你也会开启一段难忘的神奇之旅呢！

责任编辑：王旭霞
装帧设计：巢倩慧
责任校对：高余朵
责任印制：汪立峰

图书在版编目（ＣＩＰ）数据

　　边玩边学Scratch．趣味游戏设计之猫咪侠历险记 ／
刘金鹏，裘炯涛编著．－－ 杭州 ：浙江摄影出版社,2018.1
（2020.9重印）
　　ISBN 978－7－5514－2084－6

　　Ⅰ．①边… Ⅱ．①刘… ②裘… Ⅲ．①软件工具－程
序设计－基本知识 Ⅳ．①TP311.56

　　中国版本图书馆CIP数据核字(2017)第310440号

边玩边学Scratch:趣味游戏设计之猫咪侠历险记

刘金鹏　裘炯涛　编著

全国百佳图书出版单位
浙江摄影出版社出版发行

　　　　地址：杭州市体育场路347号
　　　　邮编：310006
　　　　网址：www.photo.zjcb.com
经　销：全国新华书店
制　版：浙江新华图文制作有限公司
印　刷：三河市兴国印务有限公司
开　本：880mm×1230mm　1/32
印　张：4.375
2018年1月第1版　　2020年9月第2次印刷
ISBN　978－7－5514－2084－6
定　价：26.00 元